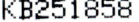

체인 톱이란

강렬한 엔진 소리와 함께 하늘 높이 톱밥을 휘날리면서 쓱쓱
나무를 자른다. 그런가하면 숙련된 목각 장인이 갈고 닦아야
가능했을 완벽하고 정밀한 문양을 나무에 새겨 넣는다.
이렇게 성격이 다른 작업을 모두 능숙하게 해낼 수 있는 기계는
체인 톱밖에 없을 것이다. 호탕하고 시원하면서도 섬세한 작업!
당신도 이런 체인 톱의 매력을 맘껏 느끼게 되기를 바란다.

체 인 톱
퍼펙트 매뉴얼

PERFECT
MANUAL
02

귀농 귀촌 생활의 필수 아이템
체인 톱 완벽 활용법

한솔스쿨

CONTENTS

벌목

요즘 산 일(임업)에 있어서 체인 톱은
없어서는 안 될 도구. 산에서 사는
남자들의 든든한 동료이다.
벌목 기술은 간벌(솎아베기)이나
정원수를 얻는 데에도 유용하다.

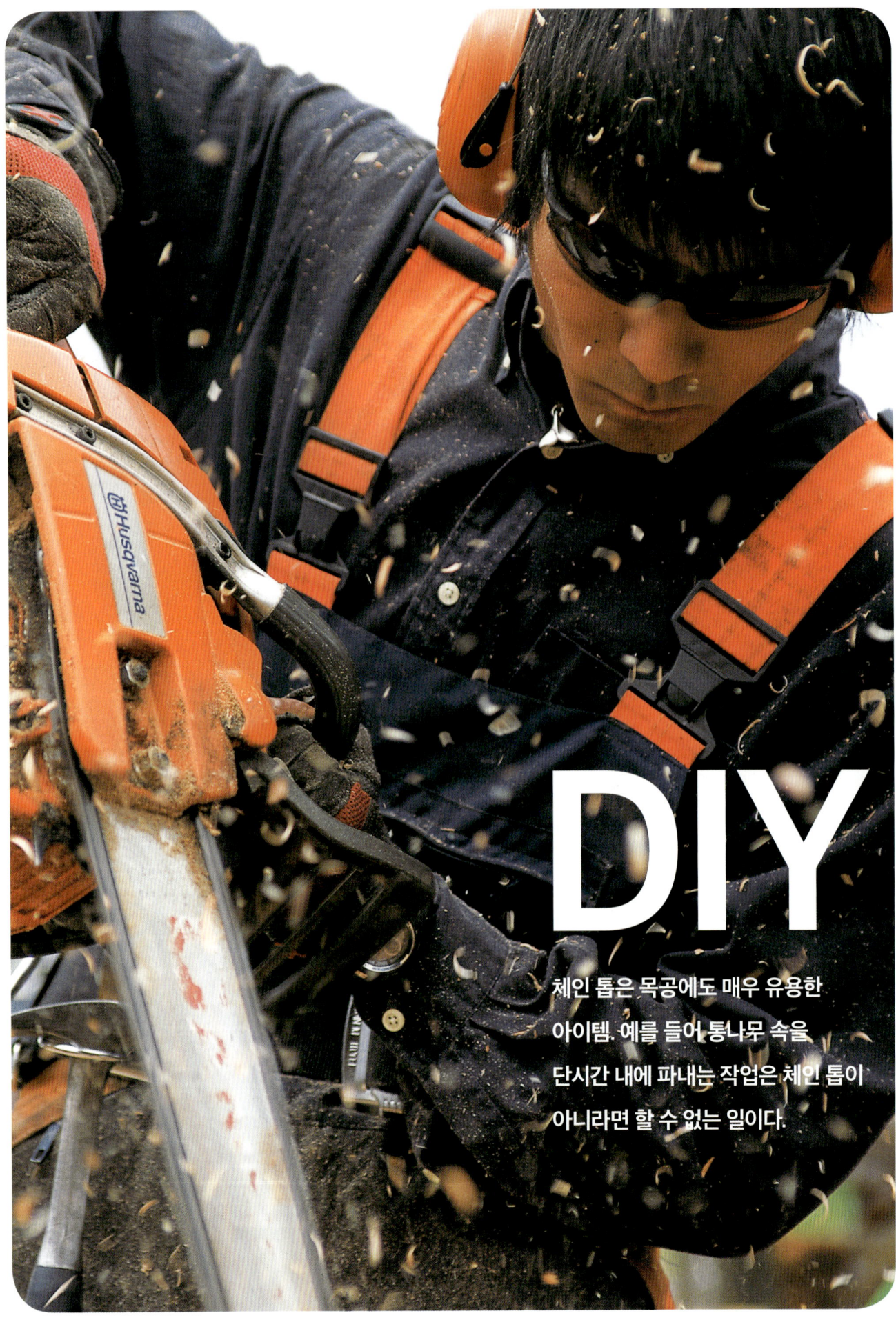

DIY

체인 톱은 목공에도 매우 유용한
아이템. 예를 들어 통나무 속을
단시간 내에 파내는 작업은 체인 톱이
아니라면 할 수 없는 일이다.

통나무집 짓기

현대의 통나무집 건축은 체인 톱을 빼고는 생각할 수도 없다. 대부분의 통나무집 건축가에게 체인 톱은 단순한 도구, 그 이상의 것이다.

Chapter 1

체인 톱을 알자

체인 톱 각 부 명칭

체인 톱을 이해하기 위한 첫걸음으로, 우선 체인 톱의 구조와 각 부 명칭을 알아두어야 한다. 체인 톱에는 전기식과 엔진식의 두 가지 타입이 있는데, 휴대성과 파워가 좋은 엔진식이 더 많이 사용된다. 이 책에서 소개하고 있는 것도 엔진식 체인 톱이다.

각 장치의 명칭과 위치는 체인 톱의 종류나 제조사에 따라 조금씩 다르므로 자신이 소유한 기종의 취급 설명서와 대조해가며 보는 것이 좋다. 각 장치가 어떤 기능을 가지고 있는지 이해하는 것은 올바르고 안전한 체인 톱 사용을 위해 반드시 필요한 일이다.

체인 톱은 아래의 사진과 같이 엔진이 있는 본체와 앞으로 튀어나온 가이드 바(guide bar)로 이루어져 있다. 가이드 바 주위에 체인이 장착되어 있는데, 이 체인이 가이드 바의 주위를 따라 회전하면서 나무를 자르게 되는 구조이다.

키트 구성 내용
체인 톱은 본체와 가이드 바, 체인이 따로따로 해체된 키트(kit) 상태로 상자에 들어 있는 경우와 이들이 조립된 상태로 상자에 들어 있는 경우가 있다. 해체된 상태로 들어 있을 경우에는 키트 내에 들어 있는 취급 설명서를 찾아 그 내용을 확인하고 난 다음, 조립을 하는 것이 좋다.

핸드 가드(체인 브레이크)
핸드 가드(hand guard)를 누르면서 앞으로 젖히면 체인 브레이크가 작동하고 체인이 회전을 멈춘다. 킥 백 현상이 크게 일어날 경우 이 브레이크가 작업자의 몸을 지켜준다.

전방 손잡이
체인 톱의 방향을 종횡으로 자유자재로 조작할 수 있도록 본체를 둘러싸 붙어 있는 손잡이. 들어서 옮길 때에는 핸드 가드가 아니라 이 손잡이를 잡는다.

왼쪽 옆에서 본 모양
체인 톱의 '겉면'이다. 왼쪽에 가이드 바, 오른쪽에 체인 톱 본체가 있다. 스타터(starter)나 연료, 오일 주입구 등, 엔진 시동에 필요한 부품이 모여 있다.

체인(톱줄)
자전거 체인과 비슷한 형태이지만 동일 간격으로 톱날이 붙어 있다. 이 체인은 가이드 바에 부착되어 있다. 이것이 회전해 대상물을 썬다.

스파이크
가이드 바와 본체의 연결부에 붙어 있는 손톱 모양의 철물. 통나무를 자를 때 톱이 밀리지 않도록 이 스파이크(spike)로 나무를 찍어서 톱의 몸체를 고정시킨다.

가이드 바 스프로켓(사슬 톱니)
가이드 바 맨 끝 부분(막대부리)에 있는 도르래 같은 것을 스프로켓(sproket)이라고 하는데, 체인을 물고 있어 회전을 돕는 역할을 한다. 체인의 간격(pitch)에 맞게 톱니가 있어 이것이 체인과 맞물린다.

가이드 바(톱판)
체인이 붙어 있는 긴 막대 모양의 판. 길이가 다른 것으로 교환할 수 있다. 끝이 얇은 것일수록 킥 백(kick back) 현상-가이드 바(guide bar) 끝 상단 부분에 어떤 물체에 닿아서 체인 톱이 작업자 쪽으로 튀는 현상-이 잘 일어나지 않는다.

오일 탱크
체인 오일 탱크. 오일이 적으면 체인이 끊어지기 쉬우므로 주의해야 한다. 대부분의 체인 톱은 연료가 떨어지는 것과 거의 동시에 이 오일도 떨어지도록 용량을 설정해두었다.

정면 앞에서 본 모양

이것은 가이드 바를 뽑아 놓은 상태이다. 검은 사각형의 부분은 엔진에서 폭발한 가스를 배출하는 머플러다.

위에서 본 모양

(전방) 손잡이와 핸드 가드가 중요한 부품이다. 가이드 바는 두께가 다른 것으로 교환하는 것이 가능하며, 두꺼울수록 직진성이 좋아 안정적인 체인 톱 작업을 기대할 수 있다.

뒤에서 본 모양

뒷부분에는 여러 스위치가 달려 있다. 전방 손잡이는 종, 횡, 사선으로 잡아도 조작하기 쉽도록 곡선으로 디자인 되어 있다.

오른쪽 옆에서 본 모양

가이드 바의 아랫 부분에는 가이드 바를 체인 톱 본체에 고정하기 위한 볼트가 보인다. (전방) 손잡이 아래의 클러치 커버를 벗기면 체인을 회전시키는 클러치 드럼 등이 나타난다.

스타터(시동 손잡이)
엔진을 시동하는 중요한 부분. 손잡이가 내부의 로프와 연결되어 있어 스타터(starter)를 잡아당기면 엔진이 시동하는 구조이다.

스위치
엔진의 시동 및 정지에 사용하는 스위치. 이 스위치를 켜지 않으면 아무리 스타터를 잡아당겨도 엔진은 작동하지 않는다.

초크
날씨가 추울 때 자동차 등의 엔진이 잘 시동하지 않았던 경험을 해본 적이 있을 것이다. 그럴 때 엔진 시동이 잘 되도록 해주는 것이 바로 초크(choke)이다.

가속 조절기 안전 레버
엔진을 시동할 때 등 필요한 경우 이외에는 체인 톱이 움직이지 않도록 하는 장치이다. 처음에 가속 조절기와 이 레버를 동시에 잡아야 체인이 회전하게 되는 구조이다.

연료 탱크
연료인 혼합 휘발유를 넣는 탱크. 주유 후에는 주위와 캡을 깨끗하게 닦아 둔다. 탱크 안도 정기적으로 청소해야 한다.

가속 조절기
엔진의 회전수를 미묘하게 조절할 수 있는 레버. 자동차의 액셀러레이터에 해당한다. 항상 최고 회전 상태에 두면 엔진이 타기 때문에 주의해야 한다.

후방 손잡이
왼손으로 전방 손잡이를 쥔다면 오른손으로 쥐게 되는 것이 후방 손잡이. 아래쪽에서 끊어진 체인이 오른손에 닿지 않도록 보호하는 역할도 한다.

체인 톱의 구조

체인 톱 내부는 어떻게 구성되어 있을까? 체인 톱의 기본 원리는 바이크나 자동차의 엔진 구조와 크게 다르지 않다. 체인 톱의 내부 구조를 처음 본 사람이라면 다소 복잡하고 까다롭다고 여길지 모르지만 체인 톱을 해체해보면 쉽게 이해할 수 있다. 중심 기관은 공기와 연료가 혼합된 기체를 폭발 또는 압축시키는 실린더(cylinder)이며, 이 실린더에 혼합 기체를 보내 채우는 기화기(carburetor)와 폭발한 혼합 기체가 배기되는 머플러(muffler)가 함께 설치되어 있다.

이러한 기본 구조는 어느 기종이든 공통적이기 때문에 지금 바로 사진과 자신의 체인 톱을 대조해 보도록 한다. 체인 톱의 기본 구조를 확실하게 파악해두면 만약 고장 나더라도, 수리해야 할 곳을 찾아내기가 쉽고 정기 점검을 할 때에도 유용하다.

단 무리하게 해체 또는 개조하지 않도록 한다. 또한 복잡한 수리를 스스로 하려고 무리를 할 경우 심각한 고장을 초래할 수도 있으므로 가능한 판매처에 가져가 문의하도록 한다.

오른쪽(클러치 커버를 벗긴 모습)

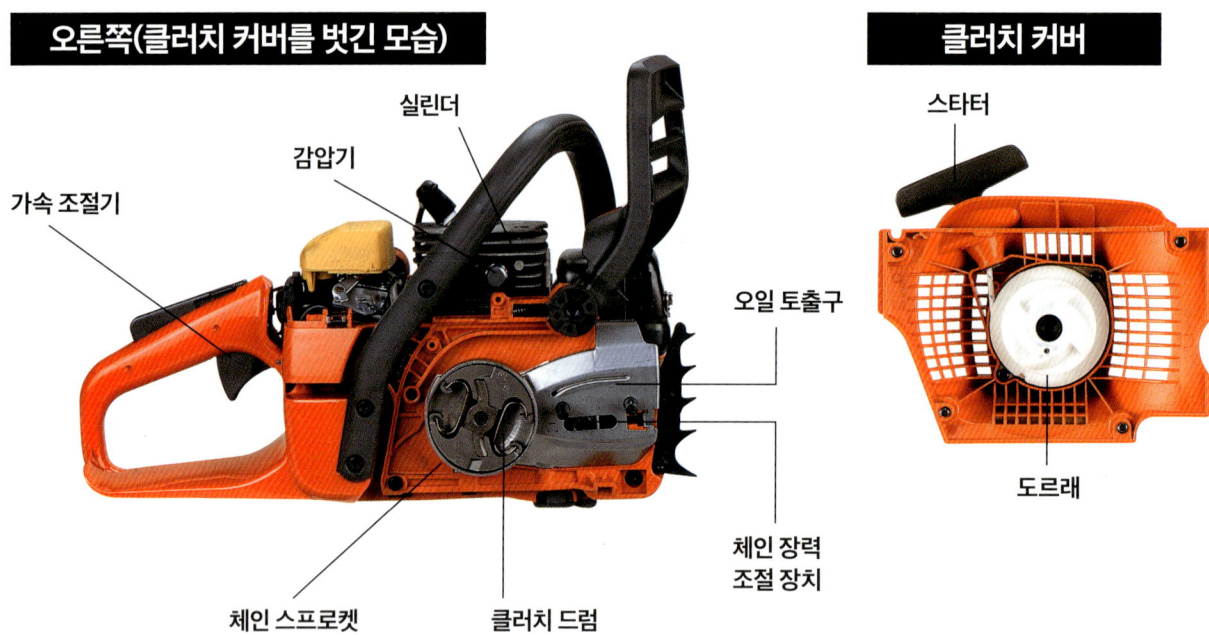

실린더
감압기
가속 조절기
오일 토출구
체인 장력 조절 장치
체인 스프로켓
클러치 드럼

클러치 커버

스타터
도르래

왼쪽(플라이 휠 커버를 벗긴 모습)

핸드 가드
프라이밍 펌프
스위치
초크
코일
체인 오일 캡
플라이 휠
휘발유 캡

엔진 주변

점화 플러그
에어 필터
초크

체인 스프로켓

클러치 드럼의 뒤쪽(본체 쪽)에 있는 체인을 장착하는 부분. 큰 힘이 가해지기 때문에 마모되기 쉬우므로 정기적으로 교환해줘야 한다.

클러치 드럼

가속 조절기가 고속 회전할 때 체인을 회전시키는 부분. 체인은 클러치 드럼(clutch drum)의 뒤쪽에 장착되어 있어 일정한 속도 이상 회전하면 클러치가 들어간다.

기화기

연료와 공기를 섞어 혼합 기체를 만드는 부분. 빨아들인 공기에 혼합 휘발유를 분사하듯 분출해 공기 15 : 연료 1의 비율로 혼합해 실린더로 보낸다.

머플러

실린더 안에서 폭발한 혼합 기체를 보내는 곳. 실린더 옆 가이드 바를 향해 있는 배기구를 통해 가스를 배출한다. 소음을 줄이는 역할도 한다.

프라이밍 펌프

연료가 들어 있는 구형 부분의 프라이밍 펌프(priming pump)를 누르면 연료가 기화기에 보내져 엔진 시동이 쉬워진다.

플라이 휠

스타터를 당기면 회전하는 부분. 플라이 휠(fly wheel)의 날개가 회전하면서 기화기 안으로 공기를 들여보내 혼합 기체가 만들어지고, 코일 자석과 작용을 통해 점화에 필요한 전기를 만든다.

피스톤

폭발에 의해 실린더 안을 상하 운동하는 장치. 피스톤(piston)이 최고 도달점 직전에 왔을 때 폭발을 일으킨다. 흡기와 배기의 타이밍도 조정한다.

체인 장력 조절 장치

체인의 장력을 조절하는 볼트. 어저스트(adjust) 볼트라고도 한다. 기종에 따라 설치된 위치가 다르기 때문에 취급 설명서를 확인하도록 한다.

코일

자석과 작용해 전기가 생성되는 부분. 코일(coil)로부터 두 개의 코드가 나와 한 개는 점화 플러그에, 다른 한 개는 스위치에 연결되어 있다.

크랭크

피스톤의 상하 운동을 회전 운동으로 변환시키는 장치. 크랭크(crank)가 회전하는 원형의 공간(크랭크 케이스)에 공기와 연료의 혼합 기체가 흡입된다.

실린더

기화기에서 보내진 혼합 기체가 피스톤에 의해 압축, 폭발하는 장치. 실린더에서 흡기와 압축, 폭발과 배기가 동시에 이루어진다.

오일 토출구

체인 오일을 토출하는 구멍. 클러치가 들어가면 가이드 바의 오일 토출구에서 오일이 나와 톱 체인과 가이드 바 사이의 발열과 마모를 방지한다.

점화 플러그

엔진 내부에서 폭발을 일으키는 부분. 스타터를 당겼을 때 만들어진 전기가 코일을 통과해 점화 플러그(plug)로 옮겨 온다.

방진 고무, 방진 스프링

체인 톱 작업을 할 때 손에 전달되는 진동을 완화하기 위해 부착한 고무. 제조사에 따라 완충재로 고무 대신 스프링을 사용하기도 한다.

에어 필터

엔진을 작동할 때 필요한 공기를 거르는 필터. 에어 필터(air filter)가 없으면 톱밥 등의 불순물이 체인 톱 내부로 들어가 고장의 원인이 된다.

도르래

클러치 커버 쪽에 붙어 있는 부품으로 스타터를 당기는 힘을 플라이 휠에 전달하여 회전시키기 위한 장치. 뒷면에 태엽이 들어가 있다.

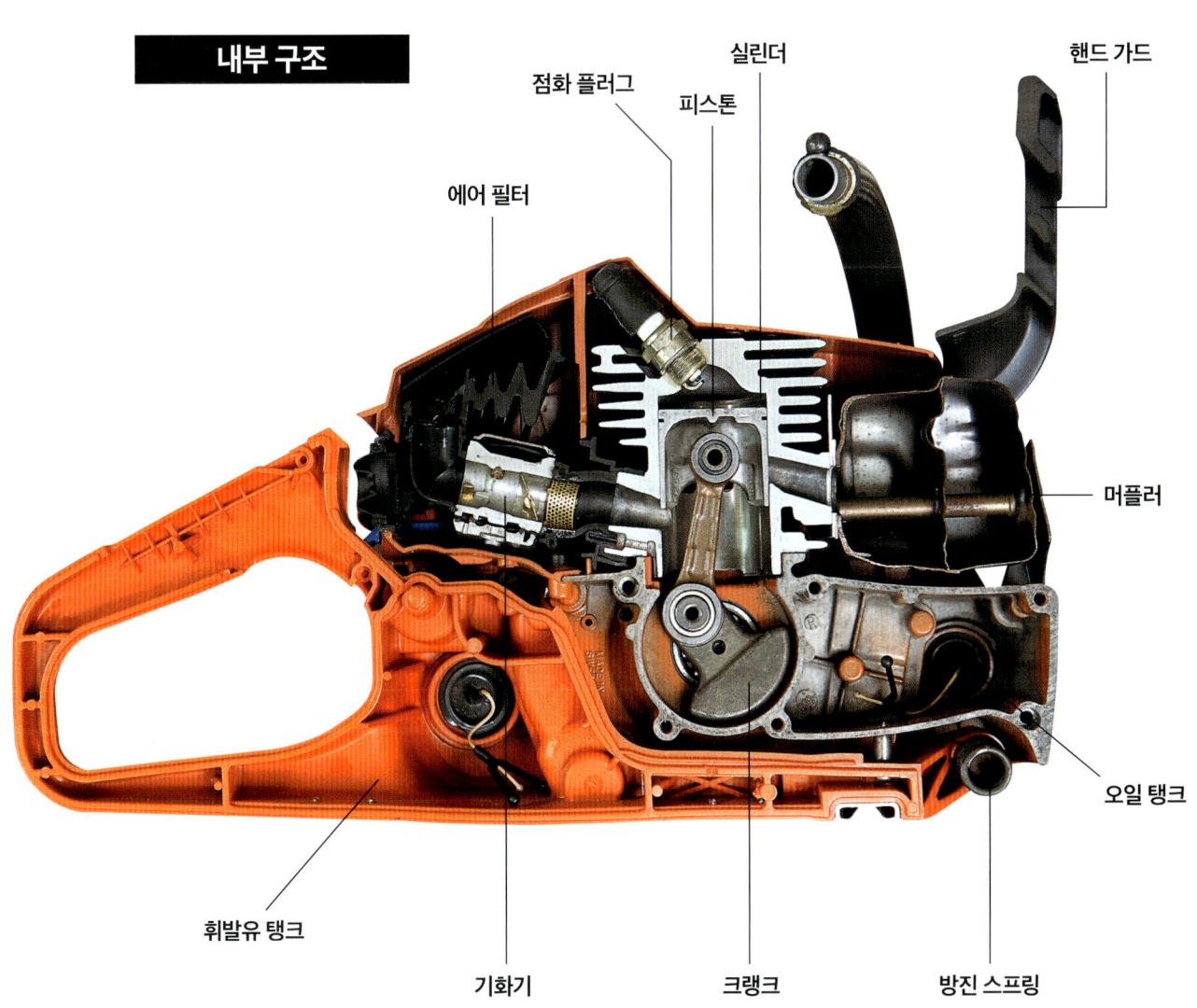

내부 구조

에어 필터 · 점화 플러그 · 피스톤 · 실린더 · 핸드 가드 · 머플러 · 오일 탱크 · 휘발유 탱크 · 기화기 · 크랭크 · 방진 스프링

작동의 메커니즘

여기에서는 실제로 엔진을 시동하여 톱 체인이 움직이고 회전할 때까지의 메커니즘을 설명한다.

체인 톱에 사용되는 엔진은 구조가 간단하고 소형화할 수 있는 2사이클(2행정) 엔진으로 똑같은 엔진이라 해도 자동차 등에서 사용되는 4사이클(4행정) 엔진과는 다른 것이다.

먼저 스타터를 당기면, 그 내부가 맞물린 플라이 휠이라고 하는 날개 달린 부분이 회전하기 시작한다. 흡기구를 통해 들어온 공기는 파이프를 통과해 에어 필터로 빨려 들어가 기화기로 보내진다. 이 공기가 다이어프램(diaphragm)이라고 하는 고무 격막 안의 휘발유와 섞이면서 혼합 기체가 만들어진다. 그리고 이 혼합 기체는 실린더로 보내져 플러그에 의해 점화되어 폭발한다. 이로 인해 생긴 피스톤의 상하 운동이 크랭크 장치에 의해 회전 운동으로 변화되고 클러치와 체인 스프로켓을 통해 톱 체인을 회전시키는 것이다.

시동 → 엔진이 저속 공회전할 때의 메커니즘

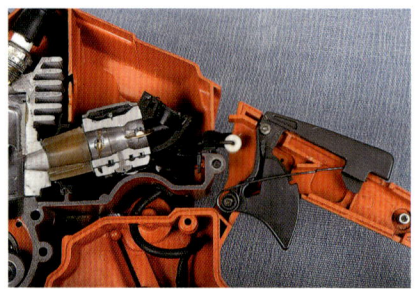

스타터를 당기면 흡기구에서 에어 필터로 공기가 이동한다. 그리고 에어 필터에서 톱밥 등이 제거된 공기는 기화기로 이동한 연료와 혼합되게 된다. 왼쪽 위 사진이 기화기이다. 체인 톱에서 사용하는 기화기는 다이어프램 식. 다이어프램이란 기화기 안의 통로에 있는 휘발유와 공기를 나누는 고무 격막으로, 실린더 내에서 피스톤이 상하 운동할 때마다 이 다이어프램이 움직여 연료를 기화기에 공급한다.

에어 필터

이 부분이 맞물려 회전한다.

스타터를 당기면, 그 힘으로 안쪽 플라이 휠이 회전하고, 동시에 코일에서 발생한 전기가 코드를 통해 플라이 휠의 옆에 있는 점화 플러그에 전해진다. 또한 플라이 휠의 날개가 공기를 불어 넣어, 파이프를 통해 에어 필터로 이동한다.

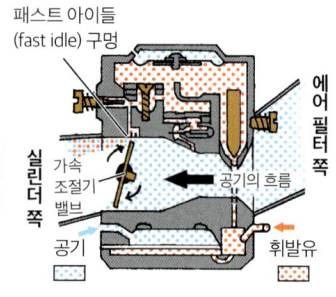

패스트 아이들 (fast idle) 구멍

에어 필터 쪽

실린더 쪽

가속 조절기 밸브

공기

공기의 흐름

휘발유

위의 그림은 아이들링(idling 저속 공회전)할 때의 기화기 주변 상태. 플라이 휠이 회전하는 힘으로, 공기가 에어 필터로 빨려 들어간다. 가속 조절기 밸브가 닫힌 상태에서 작은 구멍으로부터 나온 휘발유는 기화기 안에서 공기와 혼합된다.

엔진 속의 움직임

기화기로 이동한 공기는 휘발유와 혼합되어 실린더 안으로 보내진다. 그 다음 피스톤이 왕복 운동을 하기 위한 '압축, 점화, 폭발, 배기'라는 일련의 동작을 행한다. 2사이클 엔진이란 이 4가지 동작을 피스톤이 2행정(1회 왕복)하는 사이에 행하는 엔진을 말하는 것으로, 흡기와 압축, 폭발과 배기를 동시에 행한다. 엔진 회전수는 배기량 50시시 정도의 체인 톱으로 공회전 시 2,800회, 고속에서 13,800회 정도이다.

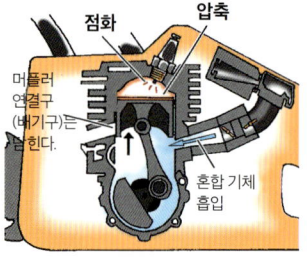

점화

압축

머플러 연결구 (배기구)는 닫힘한다.

혼합 기체 흡입

가속 조절기를 열고 있을 때에는 휘발유가 힘차게 분출되어 많은 양의 혼합 기체가 크랭크 케이스로 보내진다. 그리고 실린더 안에서 압축된 곳에서 점화 플러그에 의해 점화가 된다. 2사이클 엔진의 경우 이때 흡기도 동시에 이루어진다.

배기

폭발

STOP

혼합 기체는 실린더로 이동

기화기 쪽의 입구는 닫힌다.

폭발해 피스톤이 아래로 내려가면 폭발 후의 가스가 머플러로 배출되고 새로운 혼합 기체가 실린더 안으로 이동한다. 이것을 반복해서 피스톤이 왕복 운동하는 것이 엔진의 구조. 이 왕복 운동은 회전 운동으로 변해 톱 체인을 회전시킨다.

체인의 구성과 명칭

체인 톱의 성능을 결정하는 핵심이라 할 수 있는 부분은 체인이다. 얼핏 보기에 자전거 체인과 비슷하게 생겼지만 톱날이 붙어 있기 때문에 반드시 장갑을 끼고 다루어야 한다.

체인에도 톱날의 크기나 모양이 다른 것이나 킥 백 현상이 일어나지 않는 것 등 여러 가지 타입이 있다. 하지만 제 아무리 좋은 체인이라 해도 톱날을 잘 갈고 세워두지 않으면 금세 성능이 떨어진다. 이 책의 후반부에서 톱날 세우는 방법을 자세히 설명하고 있으므로, 참

고하여 부지런히 톱날을 세워두도록 한다.

또한 체인은 사용 중에 마모되기 때문에 사용 기간을 잘 살펴보고 교환할 필요가 있다. 체인을 교환하고자 할 때 여러 가지 타입이 있어 무엇을 선택할지 고민을 하게 될 수도 있지만 기본적으로는 구입할 때 장착되어 있던 것과 같은 것을 선택하면 된다. 만약 다른 제조사의 체인을 선택하고자 한다면 피치, 게이지, 드라이브 링크 수가 체인 톱 본체의 스프로켓과 가이드 바에 맞는 것을 선택할 필요가 있다.

체인의 구성

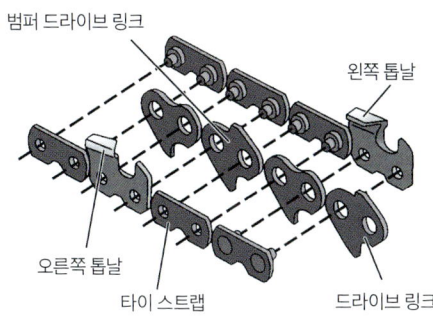

체인은 여러 개의 링크로 구성되어 있다. 위에서 보면 중앙의 드라이브 링크를 오른쪽(왼쪽) 톱날과 타이 스트랩을 끼워 리벳으로 고정시킨 3줄 구조이다. 또 왼쪽 톱날과 오른쪽 톱날은 반드시 같은 간격으로 번갈아 배열되어 있어야 한다.

톱날 부분의 명칭

톱날 모양은 커팅 각이 90도로 각진 치즐(chisel, 끌)형, 약간 둥그스름한 세미치즐형 등 몇 가지가 있지만 나무를 자르는 구조 자체는 똑같다. 윗 날이 끌처럼 나무의 표면을 깎아내고, 옆 날은 톱처럼 나무를 세로로 자른다. 이와 동시에 앞 날이 만든 나무 부스러기를 배출하는 형태이다.

체인의 부품과 용어

피치

체인의 사이즈를 말하는 것으로, 체인 리벳(rivet) 세 개 사이 길이의 1/2로 표시한다. 크기가 큰 순서로 3/8, 0.325, 1/4의 3개가 있고, 단위는 인치이다. 체인 톱이 클수록 피치(pitch)도 커지는 것이 일반적이며, 배기량 40시시까지라면 1/4, 60시시 이상이라면 3/8이 기준이다.

덴스 게이지

톱날이 나무에 박히는 깊이를 조절하는 부분으로 대패의 바닥과 같은 역할을 한다. 덴스 게이지(depth gauge)의 상단과 윗날 상단 사이의 거리를 덴스라 하며, 이것이 너무 짧을 경우 대패로 말하자면 칼날이 나오지 않은 상태. 반대로 너무 길면 칼날이 너무 나온 상태. 어느 쪽이든 잘 잘리지 않는다.

게이지

게이지(guage)는 가이드 바로 들어가는 드라이브 링크의 두께를 말한다. 0.063(1.6mm), 0.058(1.5mm), 0.050(1.3mm), 0.043(1.1mm)의 네 가지 사이즈가 있다. 가이드 바 홈과 폭이 거의 비슷하기 때문에 적절한 사이즈를 사용하지 않으면 작업 중에 체인이 벗겨질 수 있으므로 주의해야 한다.

드라이브 링크 수

코마 수라고도 한다. 가이드 바의 길이에 따라 바뀌며 당연히 가이드 바가 길수록 그 수도 많아진다. 체인을 교환할 때에는 드라이브 링크 수가 가이드 바에 맞지 않으면 안 되기 때문에 자신의 체인 톱에 대해서는 피치, 게이지와 더불어 기억해두어야 한다.

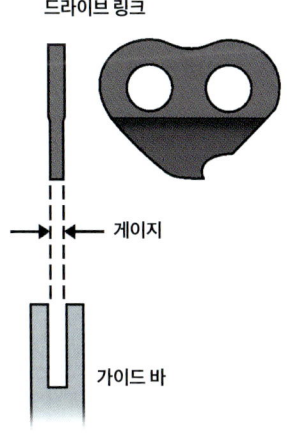

체인 톱 작업에 최적화된 기능적이고 안전한 스타일

앞

체인 톱은 기능적인 도구이며, 기본적인 사용법만 익히면, 여러 가지 다양한 용도로 사용할 수 있다. 하지만 자칫 잘못하면 큰 상처를 입을 수도 있는 위험한 도구이기도 하다는 것을 절대 잊어서는 안 된다.

물론 대부분의 체인 톱 작업에서는 무리한 사용만 하지 않는다면 문제가 없지만 사고는 불시에 일어나기 마련이다. 그것을 미연에 방지하기 위해서는 안전하고 기능적인 장비를 착용 하는 것이 좋다. 특히 작업자의 하반신의 경우, 예를 들어 체인 톱으로 통나무를 베어낸 다음 회전하는 칼날이 강타하는 등의 염려가 있다. 튼튼하고 질긴 섬유로 잘 짜여진 챕스(chaps) 등 신체를 보호하는 장비를 간과해서는 안 된다. 아래의 7가지 도구는 반드시 갖추고 있는 것이 좋다.

뒤

1
머리를 보호하는 모자
톱밥이나 나무 부스러기를 뒤집어쓰지 않도록 모자로 머리를 보호한다. 높은 곳에서 작업할 경우에는 추락 시 머리를 보호해주는 헬멧이 좋다.

2
눈을 보호하는 보안경
작업 시 작은 나무 부스러기가 날아들어 눈을 상하게 하는 경우도 있다. 특히 햇볕이 강한 날은 선글라스가 필수!

3
움직임이 편한 상의
겨울철은 방한용으로 두꺼운 상의를 입지만 지나치게 많이 껴입어도 움직이기 힘들어진다. 움직이기 쉬운 적당한 옷을 입는다.

4
하반신을 보호하는 챕스
엔진을 시동할 때나 절단을 마무리할 때 그 힘의 기세로 체인 톱 날이 하체에 닿게 되는 일도 있다. 챕스를 반드시 덧입도록 한다.

5
발을 보호하는 안전화
체인 톱날뿐만 아니라 베어낸 통나무나 무거운 공구 등 발밑에도 많은 위험이 도사리고 있다. 발을 보호할 수 있는 안전화는 꼭 신는다.

6
귀를 보호하는 귀마개
체인 톱 자체에 소음기가 부착되어 있기는 하지만 본체를 가까이에서 사용하기 때문에 소음으로부터 귀를 보호하기 위해서는 귀마개를 사용하는 것이 좋다

7
공구 수납 주머니 벨트
허리에 벨트를 감아서 사용하는 공구 수납용 주머니. 줄자와 망치, 연필, 초크 통, 끌이나 정 등의 소품을 이것 하나로 수납할 수 있다.

우리 몸을 지키는 안전용품 7가지

Chapter 2

체인 톱의
기본 테크닉

작업 전에 확인해야 할 사항들

체인 톱을 안전하고 효율적으로 사용하기 위해서는 작업 전 점검이 필수다. 여기에서는 엔진을 시동하기 전에 반드시 확인해야 할 체크 포인트를 소개하고자 한다.

특히 안전에 관한 체크를 게을리 하는 것은 절대 금물. 어떤 체인 톱이든 안전성을 높이기 위한 각종 장비가 갖추어져 있으므로 이를 체크하는 것을 절대로 잊지 말아야 한다. 조금 귀찮게 느껴질 수도 있겠지만, 습관이 되면 그렇게 힘들지는 않다. 어쨌든 상처를 입고 난 다음에는 이미 늦은 것이기 때문이다.

아래의 체크 포인트 외에도 방진 고무의 균열, 가이드 바의 구부러짐 정도와 가이드 바 스프로켓(사슬톱니)의 회전 불량 등도 확인해두어야 한다. 또한 체인도 중요한 체크 포인트 중 하나. 칼날이 무뎌진 것 같으면 반드시 연마를 해야 한다.

체인 브레이크의 작동
킥 백 현상이 발생했을 경우 등에 체인의 회전을 순식간에 멈춰주는 체인 브레이크가 확실하게 작동하는지 확인해야 한다. 엔진을 시동한 다음 체인 브레이크를 작동시켜본다.

체인 캐쳐의 파손
작업 중 체인이 끊어졌을 때 몸을 보호해주는 체인 캐쳐의 파손 여부를 확인해야 한다. 균열이 있거나 하면 즉시 교환한다.

체인의 탄력 상태
체인의 탄력 상태는 반드시 확인해야 한다. 체인이 너무 팽팽하면 가이드 바에 부하가 심하고, 반대로 너무 느슨하면 체인이 벗겨지기 쉽다. 적정한 탄력은 위로 잡아당겨보았을 때 드라이브 링크의 아래 끝 부분이 가이드 바 홈 밖으로 완전히 나오지 않는 정도가 기준이다. 조정법은 ①조절 나사를 조인다 → ②체인의 탄력 상태를 확인한다 → ③손으로 가볍게 당겨보고 움직이는지를 확인한다.

오른손 손잡이의 파손
체인 캐쳐와 같이 끊어진 체인으로부터 핸들을 쥔 오른손을 보호해주는 후방 손잡이도 체크한다.

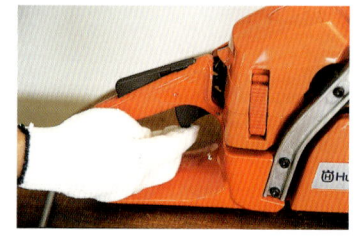

가속 조절기 잠금 장치 작동
조작 실수로 톱 체인이 회전하지 않도록 하는 가속 조절기 잠금 장치를 확인한다. 잠금 장치를 해제하지 않은 상태에서 가속 조절기가 눌려져서는 안 된다.

흡기구 안쪽 청소
흡기구가 나무 부스러기 등으로 막혀 있으면 엔진 고장의 원인이 된다. 흡기에 방해가 될 정도로 막혀 있으면 청소를 하도록 한다.

각 부분 나사의 풀림 상태
체인 톱을 사용하다 보면 진동으로 인해 나사가 풀릴 수 있으므로 더 조여준다. 특히 머플러는 나사가 풀리기 쉬우므로 더욱 조심해야 한다.

연료와 각종 오일 취급 방법

체인 톱은 동력으로 2사이클 엔진을 사용한다. 따라서 연료는 무연 휘발유에 일정 비율의 엔진 오일을 섞은 혼합 휘발유이다. 보통 주유소에서 팔고 있는 휘발유를 그대로 사용할 수는 없으므로 주의하도록 한다. 혼합 휘발유는 간단히 직접 만드는 것이 가능한데, 사람에 따라서는 여름철에 과열되지 않도록 오일의 양을 많게 하는 등 기온에 따라 혼합 비율을 바꾸는 경우도 있다. 이미 혼합된 상태의 혼합 휘발유가 판매되고 있으므로, 직접 만드는 것이 귀찮다거나 그다지 많은 양을 필요로 하지 않는 경우에는 조금 비싸더라도 혼합 휘발유를 구입해 사용해도 된다.

또 체인과 가이드 바 사이의 마찰을 줄이기 위한 체인 오일도 반드시 넣어야 한다. 혼합 휘발유와 체인 오일, 이 두 가지는 체인 톱을 움직이는 데 항상 필요한 것이다.

혼합 휘발유 만드는 방법

무연 휘발유	엔진 오일

25 : 1
40 : 1
50 : 1

혼합 휘발유는 일반 무연 휘발유와 각 제조사 별로 발매하고 있는 엔진 오일을 혼합해서 만든다. 혼합 비율은 제품에 따라 다르지만 엔진 오일의 품질이 향상된 요즘은 휘발유 40 혹은 50에 엔진 오일 1의 비율로 혼합한 제품이 많다. 혼합 비율이 적정하지 않으면 검은 배기 가스를 배출하거나 엔진 손상을 가져올 수 있으므로 주의한다.

체인 오일

흡합 휘발유와 체인 오일

체인 톱에 없어서는 안 될 것이 혼합 휘발유와 체인 오일. 체인 오일은 가이드 바와 체인의 마찰을 줄이는 역할을 한다. 통나무 작업 등을 할 때는 연료를 가득 채우고 시작해도 15~20분만에 연료가 없어진다.

혼합 휘발유

휘발유와 엔진 오일을 잘 섞는 방법

양이 적은 엔진 오일을 먼저 붓고 난 다음에 휘발유를 붓고 탱크를 흔든다. 휘발유를 먼저 부으면 엔진 오일과 잘 섞이지 않는다.

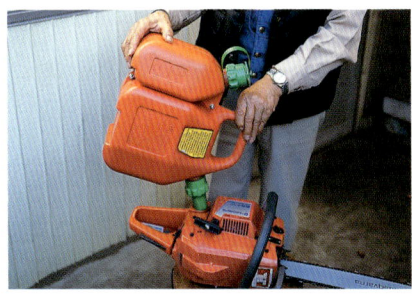

연료와 오일이 들어 있는 전용 통이 편리

혼합 휘발유와 체인 오일 탱크가 합쳐진 전용 통이 있으면 편리하다. 혼합 휘발유 주유 시에 탱크가 가득 차면, 주유가 중단되는 기능이 있는 통도 있다.

환경보호를 위해 체인 오일도 식물성이 주류

체인이 회전할 때 체인 오일이 함께 토출되기 때문에 요즘은 환경에 무해한 식물성 오일을 사용하는 추세이다. 체인 오일이 부족하면 마찰로 인해 체인이 파손될 수 있으니 보충하는 것을 잊지 말아야 한다. 혼합 휘발유를 채워 넣을 때 체인 오일도 함께 넣는 것을 습관화하는 것이 좋다.

연료 탱크와 오일 탱크를 헷갈리지 않도록

연료 탱크에 체인 오일을 부었을 경우, 아직 엔진을 시동하지 않았다면 휘발유를 부어 헹구어내듯 흔들어 배출하면 된다. 그러나 만약 이미 엔진을 시동해버렸다면 엔진 내에 오일이 들어갔을 가능성이 있다. 이 경우 전문가에게 수리를 맡겨야 한다.

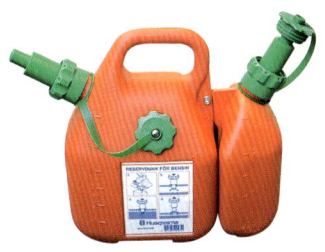

오래된 혼합 휘발유는 고장의 원인

오래 된 혼합 휘발유는 고장의 원인이 된다. 혼합 휘발유를 만들 때는 2~3일 정도 사용할 분량만큼만 만드는 것이 가장 좋다. 오랫동안 체인 톱을 사용하지 않을 때는 본체의 연료를 빼놓아야 한다.

엔진 시동 방법

혼합 휘발유를 넣고, 체인 오일을 가득 채웠다면 엔진 시동 준비 완료. 엔진을 시동하는 방법은 어떤 제품이든 기본적으로 동일하다. 스위치를 켜고, 스타터를 당기는 것 뿐이다.

엔진이 식어 있을 때는 초크를 당기고 나서 스타터를 당긴다. 이때 여러 차례 스타터를 당겨 첫 폭발 소리가 들리고 엔진이 시동하면 초크는 반드시 원래 위치로 되돌려 놓는다. 그렇게 하지 않으면 플러그에 연료가 묻어 엔진 시동이 잘 걸리지 않게 된다.

스타터를 당기는 방법은 여러 가지가 있지만 엔진의 시동이 걸리면 언제든지 체인이 돌아가게 된다는 것을 잊지 말아야 한다. 항상 안전을 최우선으로 해야 한다. 오른쪽 페이지 상급편에서 소개하고 있는 방법은 사실 매우 위험한 엔진 시동법이다. 숙련자도 다치거나 체인 톱을 떨어뜨리는 경우가 있으므로 초·중급자는 엄금해야 한다.

엔진 시동 전에 스위치 위치 확인

허스크바나(Husqvarna)의 경우

초크
스타터
스위치

허스크바나의 경우 스위치는 하단, 그 위에 초크가 붙어 있다. 또한 오른쪽에 있는 것은 히팅 핸들의 스위치

스틸(STIHL)의 경우

스타터

스위치 겸 초크

스틸의 경우는 스위치와 초크를 하나의 스위치로 조작할 수 있도록 되어 있다. 심플하면서도 기능적이다.

기본 조작법은 어느 메이커든 동일

해외 제품이든 국산 제품이든 스위치를 켜고 스타터를 당기는 엔진 시동 방법은 동일하다. 초크 등 스위치 류의 배치도 큰 차이가 없다.

엔진 시동이 잘 걸리도록 해주는 기능

초크

거의 모든 기종에 초크가 달려 있다. 실린더 내에서 폭발이 일어나기 쉽도록 혼합 기체를 공급한다. 연료 비율이 높은 혼합 기체를 불어넣기 위한 장치이다.

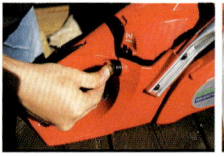

프라이밍 펌프

혼합 휘발유를 강제적으로 엔진 내에 보내는 장치. 보통 몇 번 스타터를 잡아당기는 것으로 연료를 보내게 되지만 펌프를 누르기만 해도 그 작업을 다 할 수 있다.

감압 밸브

실린더 내의 압력을 낮춰 스타터의 저항을 줄이는 장치를 감압 밸브라고 한다. 감압 밸브를 누르면 실린더 내의 압력이 떨어지도록 되어 있다.

기본적인 엔진 시동 순서

1 혼합 휘발유와 체인 오일 체크
우선 휘발유와 체인 오일이 들어 있는가를 확인. 부족하면 보충한다. 탱크의 캡은 단단히 닫을 것.

2 스위치를 켠다
스위치 온. 스위치를 켜지 않으면 아무리 스타터를 당겨도 엔진은 작동하지 않는다.

3 초크를 당긴다(엔진 냉각 시)
기온이 낮은 겨울철이나 처음 사용할 때 등 엔진이 식어 있을 때는 초크 손잡이를 잡아 당긴다. 이렇게 함으로써 많은 양의 혼합 기체가 엔진에 공급된다. 한 번 엔진을 시동했다가 멈춘 직후 등에는 이 조작이 불필요하다.

4 스타터를 몇 번 당긴다
부릉부릉 하는 소리가 바뀌어 첫 번째 폭발음이 들릴 때까지 스타터를 몇 차례 당긴다. 처음에는 천천히, '탁' 하는 감각을 느끼면서 단번에 당기는 것이 요령이다. 급격히 힘을 주어 잡아당기거나 스타터가 되돌아갈 때 손을 떼거나 하면 고장의 원인이 되므로 그렇게 하지 않도록 한다. 이 단계에서 엔진 시동이 걸리는 경우도 있다.

5 첫 폭발음이 나면 초크를 되돌린다
초크를 당긴 채 스타터를 계속 당기면 연료를 지나치게 빨아들인 플러그가 연료에 젖어 엔진 시동이 잘 걸리지 않게 되기 때문에 주의해야 한다. 4단계까지 해서 엔진 시동이 걸린 경우에도 역시 초크를 제자리로 돌려놓는다.

6 다시 한번 스타터를 당긴다
이 때 힘차게 스타터를 당기면 엔진 시동이 걸릴 것이다. 안전을 위해 체인 톱 본체를 확실히 고정시킨 다음 시동을 걸어야 한다.

7 시동
엔진 시동이 걸리면 2~3분 정도 예열한 다음 작업에 들어간다.

난이도별 엔진 시동 방법

초급편
지면에 발로 고정하고 시동

초보자는 체인 톱을 지면에 두고 후방 손잡이 부분을 발로 고정하고 스타터를 힘껏 잡아당긴다. 이 경우 체인이 바닥의 작은 돌 등에 닿지 않도록 한다.

중급편
다리 사이에 끼고 고정해 시동

후방 손잡이를 두 다리 사이에 끼고 전방 손잡이를 잡아 본체를 고정하고 스타터를 잡아당기는 방법도 있다. 손과 다리로 단단히 고정하면 안전하게 엔진을 시동할 수 있다. 산 속 등 평지가 아닌 곳에서 엔진을 시동해야 할 때 좋은 방법이다.

고급편
중력에 맡겨 엔진을 시동

체인 톱 사용이 익숙한 사람은 힘을 들이지 않아도 되는 고도의 시동 방법으로 엔진 시동을 걸 수 있다. 가운데 사진과 오른쪽 사진 / 본체의 무게를 스타터를 잡아당기는 데 이용하는 것이다. 왼쪽 사진 / 단 이것은 매우 위험한 시동법. 본체를 아래로 떨어뜨렸을 때에 가이드 바가 다리에 닿지 않도록 한다.

엔진을 멈추는 법

엔진을 멈출 때는 스위치를 끄면 된다. 재시동은 지금까지의 방법을 반복하는 것. 여러 차례 연습해보자.

엔진 시동 전후의 주의 사항

체인 오일 토출을 조절

가속 조절기를 작동해 체인을 회전시켜 체인 오일이 토출되는 것을 확인한다. 나오지 않는 것 같으면 나오도록 조절한다. 대부분의 모델은 바닥에 오일 토출량 조절 나사가 붙어 있다.

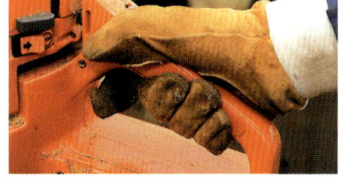

지나치게 가속 조절기를 작동하지 말 것

체인에 부하가 걸리지 않은 상태에서 가속 조절기를 계속 작동하면 고장의 원인이 된다.

항상 주변에 주의를 기울일 것

엔진 시동 후에는 곧바로 체인이 돌아가는 상태. 체인 톱을 손에서 놓게 될 때는 반드시 스위치를 끈다.

손가락으로 확실히 핸들을 감아쥘 것

핸들을 쥘 때는 미끄러지지 않도록 엄지손가락으로 핸들 아래까지 감아쥔다.

체인 오일은 꼼꼼하게 닦아낼 것

나무 부스러기에 체인 오일이 묻어 만들어진 덩어리는 통나무를 오염시키는 원인이 되므로 꼼꼼하게 닦아낸다.

체인 톱을 바르게 드는 법, 잡는 법

체인 톱에는 전방 손잡이와 후방 손잡이, 두 개의 손잡이가 있다. 기본적으로는 오른손잡이용으로 만들어지고 있으므로 왼손잡이도 전방 손잡이는 왼손으로, 후방 손잡이는 오른손으로 잡아 들도록 되어 있다.

　작업은 수직 썰기, 비스듬히 자르기, 수평으로 켜기의 세 가지 패턴이 기본이다. 어떤 경우든 체인 톱을 몸에 밀착시키듯이 드는 것이 좋다. 왜냐하면 그렇게 해야 체인 톱의 무게가 팔에 집중되지 않고 고르게 분산되어 편안하게 작업할 수 있기 때문이다.

　그리고 체인 톱을 들기 전에는 반드시 주변 상황을 확인한다. 사람은 없는지, 지면에 물건이 흩어져 있지는 않은지 살펴본 다음 엔진을 시동하도록 한다.

　작업을 잠시 멈추고 휴식할 때도 주변에 주의를 기울이도록 한다. 체인이 돌고 있지 않더라도 날카로운 톱날이 장착되어 있기 때문에 위험한 도구라는 사실은 변하지 않는다.

체인 톱을 잡는 기본적인 방법

수직으로 썰기
톱날이 지면과 수직이 되도록 체인 톱을 잡는다. 왼손으로 전방 손잡이 위쪽을 잡고 오른손으로 후방 손잡이를 잡는다.

비스듬하게 자르기
톱날이 지면과 비스듬해지도록 체인 톱을 잡는다. 왼손으로 전방 손잡이의 만곡 부분을 잡고 오른손으로 후방 손잡이를 비스듬히 잡는다.

수평으로 켜기
톱날이 지면과 수평이 되도록 체인 톱을 잡는다. 왼손으로 전방 손잡이의 왼쪽 부분을 잡고 오른손으로 후방 손잡이의 측면을 잡는다.

몸에 밀착시켜 체인 톱 무게의 부담을 줄인다
체인 톱은 꽤 무거운 기계이다. 겁이 날지도 모르지만 항상 몸에 밀착시켜 잡도록 한다. 무게가 분산되어 피곤하지 않고 작업 효율도 향상된다.

어떤 장소에서든 양 다리는 확실하게 고정
양 다리는 붙이지 말고 어깨 너비 정도로 벌려 지면에 안정적으로 고정하고 작업한다. 또한 작업 중에 무엇인가에 걸려 넘어지지 않도록 발아래는 말끔하게 정리한다.

작업 중에는 항상 주변을 배려한다
작업을 잠시 쉬면서 체인 톱을 들고 있는 경우에는 항상 주변의 상황을 확인한다. 가이드 바를 옆으로 향하게 들고 있으면 뒤를 돌아볼 때 가이드 바를 휘두르게 되어서 위험하다. 가이드 바가 아래를 향하도록 드는 것이 가장 안전하다.

편안한 작업 환경 만들기

사고 없는 쾌적한 작업을 위해서는 항상 깨끗하게 정리된 작업 환경을 만들어 두는 것이 중요하다. 통나무가 여기저기 흩어져 있거나 도구가 널브러져 있다면 작업 진척도 늦어질 뿐더러 사고의 원인이 된다. 수시로 필요한 도구만 공구 주머니에 꽂아놓고 사용하도록 한다. 또 하루의 작업이 끝나면 깨끗이 정리하는 습관을 들이도록 한다.

작업 효율을 올리는 데 필요한 도구로 말목(통나무 거치대)이 있다. 통나무를 올려두는 작업대를 의미한다. 통나무나 각목 등으로 간단하게 만들 수 있으므로, 본격적인 체인 톱 작업 전 준비 운동 삼아 자신의 키에 맞춘 말목을 만들어 보자.

체인 톱은 톱날 사이에 모래나 돌멩이가 끼면 톱날이 상해 잘 들지 않게 된다. 잘 들지 않는 체인 톱으로 작업을 하면 사고가 일어나기 쉬우므로 흙바닥에 가이드 바가 직접 닿지 않도록 주의하기를 바란다.

자르기 쉬운 높이에 맞춰 말목을 만든다

말목은 통나무를 얹어 놓는 작업대를 말한다. 사진은 모두 자투리 목재로 만든 간단한 것. 말목에 올렸을 때 통나무가 허리 높이 정도에 오는 것이 좋다.

자르기 전에는 통나무 표면을 다듬는다

체인이나 체인 톱 본체에 모래 등이 들어가면 톱날이 상해 잘 들지 않을 뿐 아니라 사고나 고장의 원인이 된다. 작업할 통나무 표면에 붙은 모래나 돌멩이는 작업하기 전에 천이나 나무 조각으로 털어내 깨끗하게 해두는 것이 좋다.

있으면 좋은 것. 통나무를 고정하는 고정쇠

안정적이지 않은 통나무를 고정하는데 사용되는 고정쇠. 뾰족한 부분을 통나무와 말목에 꽂아 굴러가지 않도록 한다. 안정적인 상황을 만들기 위해 여러 개를 같이 사용하기도 한다.

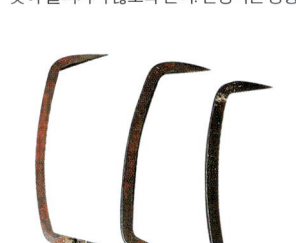

톱날이 망가지지 않도록 체인 톱을 두는 방법

체인 톱의 가이드 바는 지면에 직접 닿지 않도록 통나무 등의 위에 놓아둔다. 가이드 바를 놓아두는 전용 나무판을 준비해 놓아두면 좋다.

커팅 작업의 기본, 수직 썰기 배우기

수직 썰기는 가로로 길게 놓인 통나무에 날을 수직으로 넣어 베는 커팅 작업이다. 체인 톱 작업에 있어 가장 기본이 되는 동작이므로 확실하게 몸에 익혀두기를 바란다. 단지 통나무를 자르는 작업일 뿐이기는 하지만 단순하게 통나무의 윗부분에서부터 둥글게 써는 것만이 그 방법은 아니다. 통나무의 길이나 두께, 통나무가 놓인 상황에 따라 자르는 방법도 달라진다.

수직 썰기를 할 때 반드시 주의해야 할 점은 커팅 선이 수직선을 벗어나지 않도록 하는 것이다. 절단면을 보면 수직으로 잘려 있는지 여부를 잘 알 수 있기 때문에 작업 직후 반드시 체크해야 한다. 수직 썰기를 잘 하기 위해서는 눈높이를 커팅 선에 맞추고, 체인 톱을 움직일 때는 완력이 아닌 중력에 맡기는 것이 요령이다.

여러 번 수직으로 자르는 연습을 거듭하여 커팅 감각을 몸에 익혀 두도록 하자. 이때 익힌 감각이 비스듬히 자르기와 수평으로 켜기에서 활용된다.

수직 썰기의 기본 방법

기본 자세

통나무에 날을 수직으로 넣는 수직 썰기를 할 때는 왼손으로 전방 손잡이 위를, 오른손으로 후방 손잡이 위를 잡는다. 시선은 항상 커팅 선과 일직선이 되도록 한다.

원을 그리듯 중력에 맡겨 자른다

수직 썰기 순서 1 가속 조절기를 풀가동하여 가로로 누운 통나무 윗부분에서 날을 수직으로 넣는다. **2** 통나무 지름의 절반이 채 되지 않은 지점에서 몸 쪽에서 아래로 원을 그리듯 톱날을 움직인다. **3** 끝까지 잘라 절단한다. **4** 절단면을 보면 커팅 선의 흐름을 알 수 있다.

절단면을 깨끗하게 마감하는 요령

수직 썰기를 할 때 주의할 점은 마지막으로 자른 다음 통나무가 움직이는 방식이다. 통나무가 어떻게 움직일 것인지 예측하지 못하면 깨끗하게 절단되지 않으며 금이 생긴다.

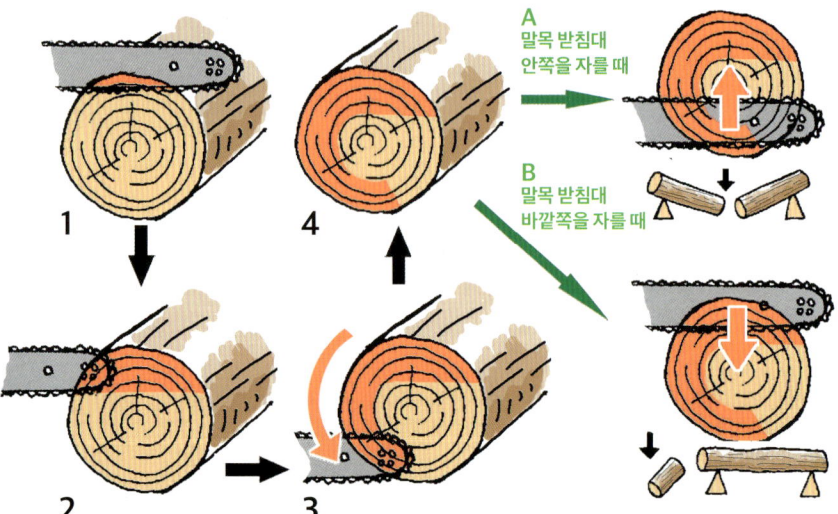

A 말뚝 받침대 안쪽을 자를 때

B 말뚝 받침대 바깥쪽을 자를 때

그림은 수직 썰기를 할 때 가이드 바의 움직임을 나타낸 것. 이 커팅 방법은 길이가 긴 통나무의 수직 썰기에 효율적이다. 4의 상태에서 그림 A처럼 말뚝의 안쪽을 자르는 경우 아래로부터 위로 썬다. 이 경우 위에서부터 썰면 가이드 바가 통나무에 끼일 우려가 있기 때문이다. 또 그림 B의 경우는 위에서부터 내려 썰면 좋다.

얇은 통나무 썰기

스파이크를 축으로 하여 원호 모양으로 자른다

얇은 통나무를 수직 썰기 순서 1 통나무에 날을 수직으로 세워 넣는다. **2** 그 다음 후방 손잡이를 올리며 통나무 앞부분으로 잘라 들어간다. 여기에 가이드 바 연결 부위에 있는 스파이크를 축으로 해 원호 모양으로 가이드 바를 내린다. **3** 마지막으로 절단면에 금이 가는 것을 방지하기 위해 아래에서 올려쳐 잘라내면 깔끔한 절단면이 완성된다.

통나무에 처음 날을 넣을 때는 고회전으로

날을 통나무에 넣을 때는 공회전 상태에서 가이드 바 근처까지 가져간 다음, 통나무에 파고들 때 가속 조절기를 눌러 회전 수를 올린 다음 체인 톱 자체 무게를 이용해 자른다.

수직 썰기 순서

얇은 통나무를 수직 썰기 하는 순서에 따른 절단면 그림. 커팅 선을 따라 가이드 바의 중간쯤에서 잘라 들어가면서 가이드 바의 연결 부분을 축으로 원호 모양으로 자른다. 마지막으로 아래에서 올려쳐 베어낸다.

스파이크란 무엇?

스파이크는 가이드 바의 연결 부위에 달린 삐죽삐죽한 철물이다. 썰기나 평면 커팅을 할 때 이 스파이크로 통나무를 찍어 고정하면 안정적인 커팅을 할 수 있다.

목재가 놓여 있는 장소에서 수직 썰기

일렬로 놓인 목재 중에서 필요한 만큼을 잘라 꺼내기

목재가 나란히 놓인 장소에서 필요로 하는 길이만큼만 수직 썰기 하고자 할 경우
양 옆에 놓인 통나무를 손상시키지 않도록 통나무의 겉면을 먼저 자르고 마지막에 중심부를 잘라낸다.

톱 끝을 최대한 사용하여 ①, ②, ③의 순서로 칼집을 내고, ④와 같이 마무리

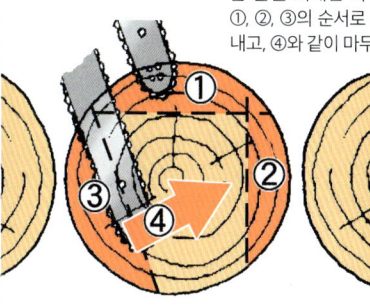

커팅의 응용, 비스듬히 자르기에 도전

비스듬히 자르기는 수직 썰기를 약간 응용한 커팅으로 목공예나 통나무집 짓기에서 없어서는 안 될 중요한 기술의 하나다. 특히 통나무집 짓기에서는 V자 형 새김눈이나 홈 등을 파낼 때 기본이 되는 중요한 기술이므로 기초를 충분히 습득해야 한다.

비스듬히 자르기도 기본적으로는 수직 썰기와 같은 감각으로 통나무에 비스듬히 날을 넣을 뿐이지만 체인 톱을 드는 방법이 틀리면 날이 커팅 선을 벗어나 절단면이 울퉁불퉁해지거나 불필요한 힘이

손목이나 팔에 가해져 쉽게 지친다.

포인트는 시선이 항상 커팅 선의 연장선상에 있도록 하고, 몸을 움직여 커팅 선을 벗어나지 않았는지 확인하며 자르는 것. 이때 몸이 불안정해질 것 같더라도 지면에 발을 고정시키고, 겨드랑이를 붙여 허리 등에 체인 톱의 무게를 분산시킬 수 있도록 한다. 이렇게 하면 힘이 덜 들면서도 안정적인 상태에서 작업을 지속할 수 있다.

오른쪽으로 자르기의 기본 자세

통나무 오른쪽 방향으로 비스듬하게 자를 경우에는 왼손으로 전방 손잡이의 왼쪽 만곡 부분을 들고 오른손으로 후방 손잡이를 비스듬히 잡는다.

왼쪽으로 자르기의 기본 자세

통나무 왼쪽 방향으로 비스듬하게 자를 경우에는 전방 손잡이의 연결 부위를 왼손으로 잡고, 오른손은 후방 손잡이를 비스듬히 잡는다. 시선은 항상 커팅 선에 맞추도록 하고 몸을 움직인다.

최소한의 힘을 사용해 체인 톱을 잡는 법

왼쪽 사진처럼 왼손 하나로 체인 톱을 들 때는 단면의 각도와 가이드 바 각도가 직선이 되는 위치에서 잡으면 최소한의 힘으로 체인 톱을 지탱할 수 있어 힘이 덜 든다. 아래 쪽 사진처럼 비스듬하게 자를 때는 가이드 바의 연결 부위에서 중간 부분을 사용하게 된다.

통나무집 짓기에서 홈 등을 길게 파낼 때

체인 톱을 눕히다시피 하여 가이드 바 전체를 쓰거나 가이드 바 끝부분을 쓰거나 하여 커팅 선의 모양에 맞추어 가이드 바의 사용 부위를 선택하는 것이 요령이다.

비스듬히 자르기는 V자형 새김눈 만들기의 출발점

통나무집 짓기를 할 때는 비스듬히 자르기를 해야 할 일이 많다. 통나무집 목재 만들기에서 빠질 수 없는 V자형 새김눈 만들기는 비스듬히 자르기 투성이인 일이라 해도 과언이 아니다. 그러므로 비스듬히 자르기를 확실하게 배워두어야 한다.

수평으로 켜기의 기본적인 테크닉

가이드 바를 수평으로 해서 통나무를 반으로 쪼개거나 3/4로 나누는 것을 수평으로 켜기라고 한다. 수직 썰기나 비스듬하게 자르기와 달리 자르는 길이가 길다. 수평으로 켠 통나무는 통나무집에서 통나무 더미의 최하단과 최상단 등의 중요한 부분에 사용된다.

그래서 최대한 요철이 적고 평평한 커팅이 필요한 것이다. 긴 길이를 잘라야 하기 때문에 날을 넣는 각도가 조금만 틀려도 끝에 가서는 큰 격차를 만들 가능성도 있다. 이를 방지하기 위해서라도 스파이크를 적절하게 사용하여 통나무를 단단히 고정한 다음 자르는 것이 요령이다.

이때 반대쪽을 자르기 위해 구부정한 자세를 취하는 경우가 있다. 이 경우 후방 손잡이를 팔의 힘으로 당기를 것은 힘들기 때문에 오른손은 거들도록만 하고 오른발에 힘을 주도록 한다. 또 항상 커팅 선에서 시선을 떼지 않으며 천천히, 그리고 신중하게 작업을 하는 것이 중요하다.

시선과 기본 자세

날을 수평으로 하여 파고들어 서 있는 방향과 반대쪽의 커팅 선을 체크할 때는 몸이 통나무를 뒤덮듯이 하거나, 반대로 몸 가까운 쪽 커팅 선을 볼 때는 약간 몸을 세우거나 하면 몸을 크게 움직이면서 자르게 된다.

우선 수직 썰기를 수평 자르기로 도전

긴 길이의 수평으로 켜기에 도전하기 전에 간단한 수직 썰기를 수평 자르기로 해보자. 체인 톱을 옆으로 뉘여 스파이크를 통나무에 고정하고, 가이드 바를 원호 모양으로 회전시킨다. 절단면을 보면 날의 움직임이 깔끔하다.

날이 들어간 방향과 커팅의 흐름

커팅 선을 벗어나지 않도록 바로 앞에서 톱날을 넣고 천천히 파 들어간다. 그 다음 스파이크를 축으로 원호 모양으로 움직여 가이드 바의 끝부분이 통나무 안으로 들어가게 되면 이번에는 바의 끝부분을 중심으로 해서 바로 앞쪽을 원호 모양으로 파 들어간다. 이것을 반복한다. 이렇게 교대로 자르는 것은 어느 쪽이든 한 방향의 커팅 선에 집중하기 위해서이다.

스파이크를 축으로 원을 그리듯 파낸다

통나무에 스파이크를 고정시키고 그것을 축으로 하여 원호 모양으로 날을 움직이면 수평에서 크게 벗어날 염려 없이 작업할 수 있다.

통나무집 최상단에 쌓을 통나무를 위한 3/4 커팅

수평으로 켜기는 통나무집 짓기 작업 중에 통나무 더미의 최하단이나 최상단, 오두막 조립 부분의 구조재 등을 가공할 때 사용된다.

위험! 킥 백 사고에 주의하라!

체인 톱을 사용할 때 가장 위험하고 조심해야 할 것이 킥 백이다. 킥 백은 가이드 바 끝부분의 상부(킥 백 위험 지대)에 목재가 닿으면 반동으로 가이드 바가 위로 치솟는 현상을 말한다. 아무리 제동 기구가 달린 체인 톱이라 해도 가이드 바가 거세게 치솟아 오르면 위험하다. 특히 어깨보다 위로 체인 톱을 들고 작업할 때 킥 백이 일어나면 체인이 안

면을 강타한다. 전문가라 해도 방심하면 이런 사고가 적지 않다.

킥 백이 일어나는 원리는 킥 백 위험 지대의 체인이 목재에 닿을 때 그 회전 추진력으로 가이드 바가 반발해 치솟아 오르는 것이다. 그래서 톱날이 통나무를 파고 든 다음에는 킥 백이 일어나지 않는다.

최신 체인 톱에는 킥 백이나 기타 사

고를 막기 위한 다양한 장치가 장착되어 있다. 체인 브레이크, 프론트 가드, 킥 백 억제형 체인 등이 그 예이다. 이러한 장치가 잘 정비되어 충분한 기능을 한다면 사고를 피할 수 있다. 또한 체인 톱날이 빠지거나 손상되어 잘 들지 않으면 킥 백이 일어나기 쉽다. 적절한 손질을 게을리 하지 않고 올바른 방법으로 사용하는 것도 중요하다.

여기가 위험 지대!

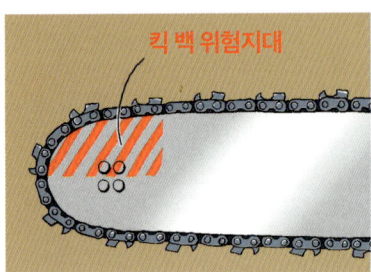
킥 백 위험지대

킥 백은 가이드 바 끝부분 상부 1/4까지(=킥 백 위험 지대)에 무엇인가가 닿으면 일어난다.

킥 백 사고 방지를 위한 매뉴얼

체인 브레이크 작동 여부를 점검하는 것을 잊지 않는다

체인 브레이크는 유사 시 작동하는 중요한 장치. 충격을 동반한 킥 백이 일어났을 때에 자동적으로 체인의 회전을 멈춘다.

앞부분이 뾰족한 카빙 바를 적절히 사용한다

일반 가이드 바와 카빙 바는 끝부분의 뾰족한 정도가 다르다. 킥 백 위험 지대의 면적도 적고, 저항도 잘 생기지 않는다.

체인 톱을 높이 들고 작업할 때는 헬멧을 착용한다

체인 톱을 위로 들고 작업하는 것은 올바른 사용법이 아니다. 그러나 통나무집 짓기 등에서 부득이 하게 그런 작업을 해야 할 필요가 있다면 헬멧을 착용하는 등 안전에 만전을 기해야 한다.

위험! 개구부를 자를 때 주의한다

이렇게 개구부를 자르는 작업을 할 때 킥 백이 일어나기 쉽다. 더욱 집중하여 가이드 바의 킥 백 위험지대가 통나무에 닿지 않도록 한다.

안전을 위해 지켜야 할 그 밖의 사항

이동할 때는 엔진을 끄고 보호 커버를 씌운다
오작동으로 체인이 회전하지 않도록 작업할 때 이외에는 엔진을 꺼두는 것이 기본. 운반할 때는 가이드 바에 반드시 보호 커버를 씌운다.

두 발은 확실히 고정한다
작업 중 발이 미끄러져 톱날이 몸에 닿는 사고가 의외로 많다. 어떠한 일이 있어도 샌들이나 미끄러지기 쉬운 신발을 신고 작업하지 않도록 한다.

작업 시간을 너무 길게 하지 않는다
작업 시간이 길어질수록 집중력이 떨어지고, 부상의 위험이 높아진다. 진동하는 체인 톱을 장시간 동안 들고 일을 하면 백랍병에 걸릴 위험도 있다.

점검과 정비를 잊지 않는다
점검과 정비는 안전의 기본. 체인을 초고속으로 회전시키는 기계인 만큼 사소한 고장도 부상으로 이어질 수 있기 때문이다.

혼자 하는 작업은 가급적 피한다
특히 산속 등지에서 작업을 하다가 발이나 다리에 상처를 입어 걸을 수 없게 된다면 목숨이 위험해질 수 있다. 주변에 도움을 요청할 수 없는 상황에서의 작업은 되도록 하지 않는다.

Chapter 3

서 있는
나무 베기

나무를 베어 쓰러뜨리는 기본적인 방법

체인 톱은 주로 나무를 베는 작업을 할 때 사용한다. 일반 톱으로는 시간이 너무 걸려 효율이 떨어지지만 체인 톱을 사용하면 단시간에 나무를 벨 수 있다. 다만 체인 톱은 자칫 잘못 사용하면 위험해질 수 있기 때문에 언뜻 보기에는 간단해 보이는 작업 같더라도 작업자의 키보다 높은 나무를 베어 쓰러뜨릴 경우에는 위험이 따른다. 이에 안전하게 나무를 베기 위한 기본 방법을 소개하고자 한다.

지금부터 소개하는 노하우는 벌목을 전문으로 하는 임업 종사자가 알려준 것이지만 벌목의 기본은 전문가든 아마추어든 마찬가지이다. 기본을 배워두면 산에서 자라는 큰 나무에서부터 정원수까지 안전하게 벨 수 있기 때문이다. 기본 중에서도 나무가 쓰러지는 패턴을 아는 기술, 올바른 벌목 방법, 수직 썰기 작업의 기본, 위험을 줄이는 방법은 확실하게 마스터해두기 바란다.

나무가 쓰러지는 방향을 파악한다

나무를 벨 때는 나무가 쓰러질 방향을 미리 가늠하는 것이 중요하다. 모든 나무가 항상 곧게 자라는 것이 아니기 때문에 수관(樹冠-나무관)의 모양과 줄기의 방향에 따라 나무의 중심이나 나무를 벨 때 쓰러지는 방향이 달라진다. 특히 풍향은 중요한 포인트로 갑자기 나무가 쓰러지는 방향이 바뀌는 일이 생겨 나무 베기 작업을 어렵게 한다. 바람이 강해 풍향이 바뀌기 쉬운 날은 작업을 중단하는 것이 좋다.

원칙은 산 쪽으로 쓰러뜨린다
경사지에서 자라고 있는 나무를 벨 때는 산 쪽으로 쓰러지도록 하는 것이 원칙이다. 계곡 쪽으로 쓰러지면 산 쪽으로 쓰러질 때보다 지면까지의 거리가 멀어져 쓰러질 때의 충격도 커진다. 이 경우 나무에 흠집이 날 수 있다. 간벌의 경우 나무에 흠집이 나도 문제가 되지 않으므로 계곡 쪽으로 쓰러뜨리는 경우도 있다.

나무 베기 전 준비

나무를 베어 쓰러뜨릴 방향을 정했다면 베어낼 나무의 주변을 깨끗하게 정리한다. 이는 만일의 경우 작업자가 대피할 장소를 확보하기 위한 작업이다. 또 쓰러진 나무가 장애물에 부딪혀 예상하지 못한 방향으로 튀어오르면 위험하기 때문에 나무가 쓰러지는 쪽도 깨끗이 해두어야 한다. 나무의 아래 가지를 쳐낼 때 작업자의 어깨보다 위에 있는 가지를 치다 보면 킥 백이 일어나기 쉬우므로 이는 남겨둔다. 나무를 벨 때 밑동이 부러지면서 튀어오르는 방향은 일반적으로 후방 또는 양 옆이라는 것을 기억해둔다.

주변의 작은 나무 제거
주변의 잔가지나 덤불을 제거할 때도 킥백에 주의해야 한다. 체인 톱은 왼쪽에서 오른쪽으로 이동시키는 것이 좋다.

작업에 방해 되는 가지 제거
가이드 바는 나뭇가지에 직각으로 대고 두 팔은 똑바로 펴 위 → 아래로 움직인다. 몸의 중심은 전방에 두고, 반 시계 방향으로 잘라간다.

대피할 장소를 확보
나무를 벨 때 나무 밑동이 튀어오르는 방향은 후방이나 바로 옆이 대부분이므로 대피할 장소는 나무를 중심으로 45도 뒤에 확보한다.

나무를 쓰러뜨리는 올바른 방법

서 있는 나무를 쓰러뜨릴 때는 나무 기둥 양쪽에 두 개의 칼집을 내고, 그 사이는 자르지 않고 남겨두었다가 마지막에 나무 자체의 무게로 쓰러뜨리는 것이 올바른 방법이다. 나무가 쓰러지는 방향은 나무를 쐐기형으로 잘라낸 수구(受口)가 결정한다. 수구 반대쪽에 수구 하부보다 약간 위에 만든 칼집이 추구(追口)이다. 수구와 추구의 사이, 자르지 않고 남겨둔 부분을 파괴층이라고 한다(오른쪽 그림 참조). 파괴층은 나무가 쓰러지는 방향을 결정하는 역할을 한다.

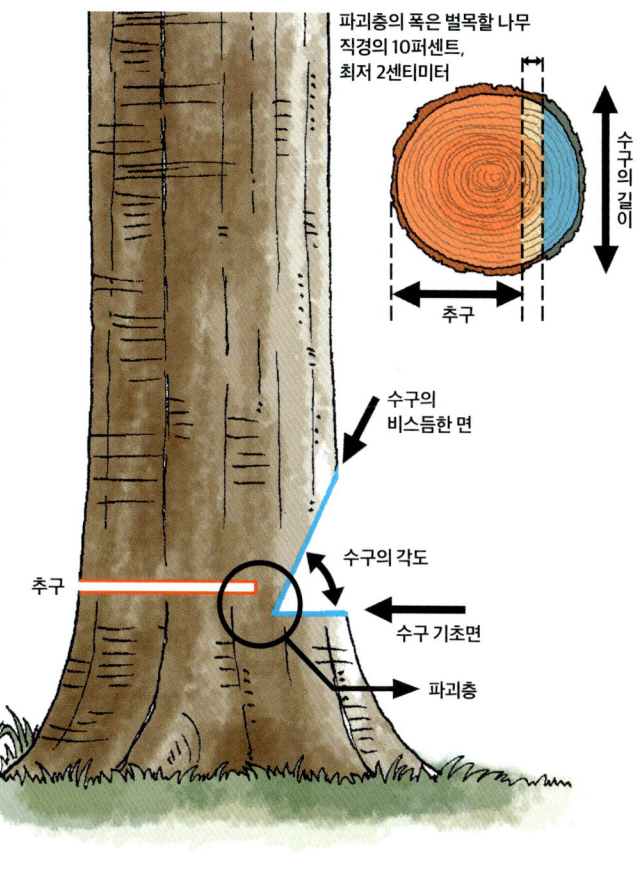

파괴층의 폭은 벌목할 나무 직경의 10퍼센트, 최저 2센티미터

수구의 길이

추구

수구의 비스듬한 면

수구의 각도

수구 기초면

추구

파괴층

파괴층을 만드는 이유는

파괴층의 역할은 나무가 쓰러지는 방향을 컨트롤하는 것. 산중은 물론 집 주변의 나무를 벌목할 때 실수로 집이나 이웃집을 강타하거나 전선을 끊어버리지 않도록 하기 위해서도 없어서는 안 될 것이다.

쓰러지는 방향은 여기에서 결정

파괴층은 벌목 방향을 확실히 할 뿐 아니라 나무가 쓰러지는 속도를 조절하는 역할을 한다. 벌목 방향은 수구의 선으로 결정하며 수구 선이 곧으면 나무는 그 직각 방향으로 쓰러진다. 파괴층을 올바르게 만들어 벌목 방향을 컨트롤할 수만 있다면 오른쪽 끝의 그림과 같이 경사지에서의 벌목도 두렵지 않다. 안전한 지역도 알고 대피로도 확보할 수 있다.

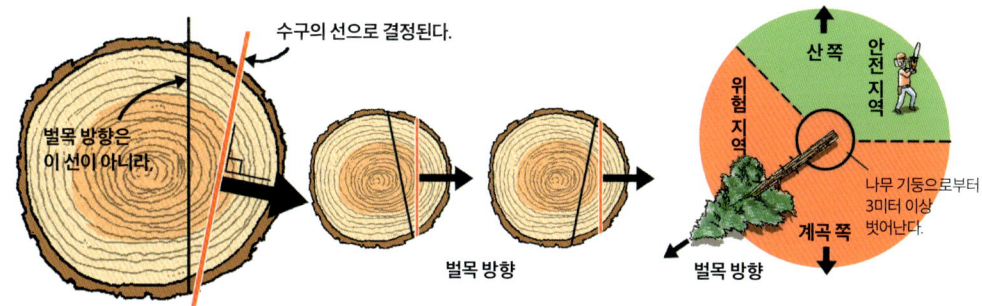

수구의 선으로 결정된다.

벌목 방향은 이 선이 아니라,

벌목 방향

산 쪽

안전 지역

위험 지역

계곡 쪽

벌목 방향

나무 기둥으로부터 3미터 이상 벗어난다.

다른 나무에 걸렸을 때 조심

쓰러뜨린 나무가 주변의 다른 나무에 걸쳐진 경우 당황하지 말고 즉시 처리한다. 기본적인 처리 방법은 남아 있는 파괴층을 80퍼센트 가량 잘라 목제 지렛대(peavy)를 사용해 작업자와 반대 방향으로 쓰러뜨리는 것이다. 만약 파괴층을 모두 절단했다면 3미터 정도의 나무 장대를 그루터기에 대고 지렛대처럼 사용해서 뒤로 물러둔다. 사람의 힘으로 처리하기 어렵다면 트랙터나 와이어 로프 견인기를 이용한다.

지지대 역할을 하는 나무(나무가 기대 있는 나무)를 베는 것은 금지

걸려서 방치되어 있는 나무 아래에서 작업하는 것도 금지

걸려 있는 나무가 덮쳐서 쓰러지는 것도 위험

수구를 만드는 법

기본 작업 순서

작업자의 위치는 나무를 끼고 수구를 자를 곳과 반대 방향이 기본. 두 다리를 어깨 넓이보다 넓게 벌려 안정된 자세를 취한다. 눈은 나무가 넘어지게 될 방향을 향하고, 전방 손잡이는 나무가 넘어지는 방향과 수평이 되도록 한다.

우선 비스듬하게 자르기. 잘라 들어가기 시작한 점의 각도가 수구의 깊이를 결정하게 되므로 충분히 검토한다. 왼쪽 어깨를 나무에 대 몸을 맡기고 오른쪽 무릎으로 체인 톱을 지탱하면 작업이 편하다.

다음으로는 수구 기초면을 자른다. 수평으로 자르는 것이 포인트. 전방 손잡이가 옆쪽의 중간 부분을 잡으면 가이드 바의 높이를 일정하게 유지하기가 쉽다.

1

2

3

■ 안전하고 확실하게 수구를 만드는 요령

수평으로 자른다

벌목을 원활히 하기 위해 수구를 만들 때 수구 기초면은 수평으로 자른다. 왼쪽 그림은 좋은 예, 오른쪽 그림은 나쁜 예이다.

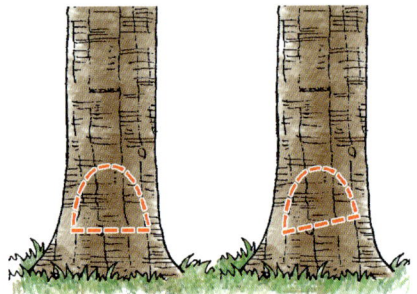

수구의 깊이

수구의 깊이는 나무의 굵기나 형태에 따라 달라지지만 일반적으로는 나무 지름의 1/5~1/4 정도, 각도는 40~70도가 기준이다.

작은 나무를 벨 때

지름 15센티미터 이하의 나무는 비스듬히 자르는 것만으로(수구 기초면 자르기 없이) 쓰러지는 방향이 결정되고 나머지는 나무 자체 무게로 인해 쓰러진다.

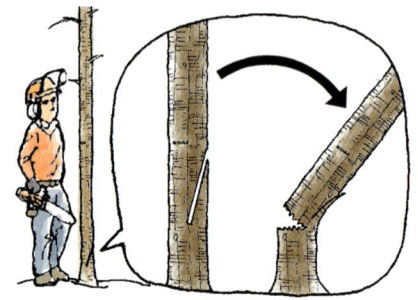

비스듬히 자른 면보다 아래를 자르지 않는다

비스듬히 잘라 들어간 지점보다 아래쪽에 수구 기초면 자르기를 하지 않는다. 그렇게 되면 나무 기둥을 필요 이상으로 깊이 잘라 파괴층을 잘못 만들 수 있다.

비스듬히 자른 면의 넓이

비스듬히 자른 면이 좁으면 약간 넘어가다가 금세 틈이 없어져 나무가 쓰러지는 방향을 결정하는 기능을 하지 못한다. 반도 쓰러지기 전에 파괴층이 손상된다.

큰 나무를 벌목할 때

큰 나무를 베거나 가이드 바의 길이보다 나무가 굵은 경우는 양쪽에서 비스듬히 자르기를 해 수구를 만든다. 그래야 똑바로 자를 수 있다.

추구 자르는 법

기본 작업 순서

추구는 수구의 맨 아래보다 약간 위에 만든다. 보통 체인 톱의 아랫날로 자르지만 윗날을 사용하면 수구를 자른 위치에서 작업이 가능하다.

추구를 만들 때의 철칙은 파괴층을 올바르게 남겨 뒤쪽으로 나무가 넘어지지 않도록 하는 것이다. 추구의 끝과 수구의 선을 수평으로 하면 일정한 폭의 파괴층이 만들어진다.

벌목할 나무가 잘라낸 부분을 막을 정도로 뒤로 기울어져 있는 경우 또는 가이드 바의 길이보다 굵은 나무의 경우 가이드 바 끝부분을 중심으로 원호를 그리는 듯한 느낌으로 움직인다.

1

2

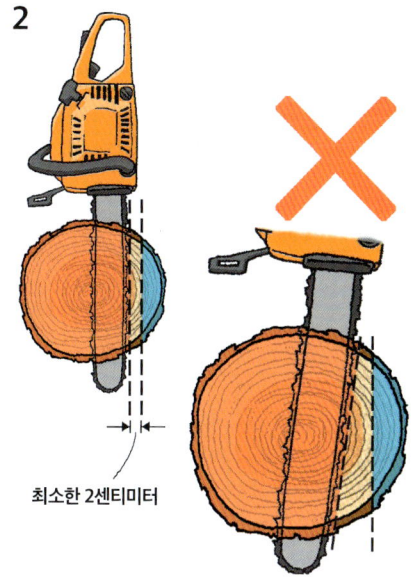

최소한 2센티미터

3

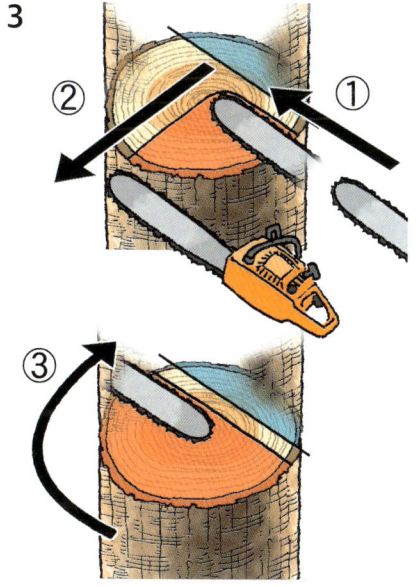

■ 안전하고 확실하게 추구를 만드는 요령

추구를 넣는 위치

추구가 들어가는 위치가 수구보다 낮으면 쐐기를 사용해도 나무가 좀처럼 쓰러지지 않아 위험하다. 또 수구의 위치가 너무 높아서도 파괴층의 폭을 결정하는 것이 어렵다. 수구 높이의 2/3 정도 되는 위치가 표준이다.

파괴층의 폭

파괴층의 폭은 나무 지름의 1/10이 기준. 다만 속이 썩어가고 있는 나무의 경우는 나무의 섬유 조직이 물러 예상하지 못한 방향으로 넘어지는 수도 있으므로 파괴층을 여유 있게 만든다. 나무껍질이 변색했거나 물러지고 있을 경우에는 주의한다.

썩은 부분

쐐기를 사용해 나무를 넘어뜨린다

실제로 벌목하는 방법은 썰기를 하듯이 나무 기둥을 끝까지 전부 다 자르는 것이 아니다. 어느 정도까지 벤 다음, 나중에는 나무 자체 무게로 나무가 쓰러진다. 하지만 이때 쐐기나 지렛대가 있으면 편리하다. 사용법은 추구 만들기를 진행하면서 추구에 쐐기를 박고, 어느 정도 나무가 기울고 나면 체인 톱을 빼고 쐐기를 추구에 더욱 깊이 박아 넣는다.

간벌은 계곡 쪽으로 나무를 넘어뜨린다

사진은 어느 임업지에서 간벌을 할 때의 모습이다. 경사지에서는 산 쪽으로 나무를 넘어뜨리는 것이 원칙이지만, 간벌을 할 때는 계곡 쪽으로 나무를 넘어뜨리는 경우도 있다. 간벌재는 상품으로써의 이용 가치가 낮기 때문에 벌목할 때 나무가 충격을 받아 상하는 것을 신경 쓸 필요가 없기 때문이다.

계곡 쪽을 향한 대량의 간벌재는 자체 무게로 굴러 떨어질 가능성도 있다. 일반인이 함께 작업하는 것은 위험하다.

나무 썰기

■ 안전하고 확실하게 자르는 요령

절단면의 왼쪽에 선다

간단한 썰기라 해도 어디에 서서 해도 좋은 것은 아니다. 기본은 절단면의 왼쪽에 선다. 나무 기둥이 돌아갈 때 통나무에 부딪치지 않기 위한 것이다.

구부러진 안쪽에 선다

구부러진 안쪽에 서는 것도 앞에서 말한 절단면의 '한 쪽에 서는 것'과 같은 이유이다. 만일 나무 기둥이 굴러가더라도 구부러진 안쪽에 서 있으면 충돌을 피할 수 있다.

구부러진 안쪽에 칼집을 낸다

목재의 균열을 방지하려면 나무 기둥의 압축 부분(팽팽하지 않은 쪽)에 먼저 칼집을 1/3 정도 넣고 난 다음 반대쪽에서부터 칼집을 만날 수 있도록 자르는 것이 좋다.

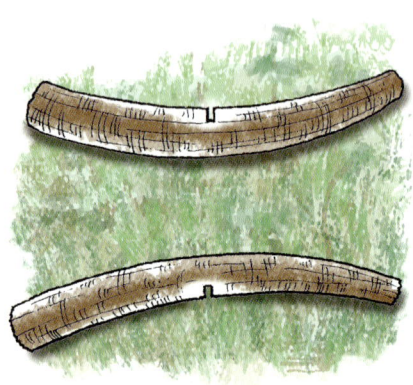

나무가 아래로 휘어진 경우

나무가 아래로 굽어 있다 = 위가 압축 부분 = 체인 톱이 들어가기 쉬운 쪽이다. 이 경우는 위에서 칼집을 내는 것이(나무 지름의 1/3이 기준) 이론이다. 그 다음 아래쪽에서 날을 사용해 칼집을 만날 수 있도록 잘라낸다.

나무가 위로 휘어진 경우

나무가 위로 휘어진 경우는 아래가 압축 부분이므로 아래에서 지름의 1/3 정도되는 곳까지 칼집을 넣는다. 그리고 위에서 자른다. 가이드 바가 나무에 끼지 않도록 주의한다. 만일 가이드 바가 빠지지 않는다면 곧바로 엔진을 끄고 칼집에 쐐기를 박아 넣으면 어려움 없이 체인 톱을 뽑을 수 있다.

양끝 지지의 경우

그림과 같이 나무의 양끝이 받쳐진(한 쪽은 지면, 한 쪽은 통나무 말목으로) 경우는 압축력이 위에서 가해지고 있기 때문에 장력이 가하지는 것은 아래가 된다. 이 경우에는 위에서 지름의 1/3 정도까지 칼집을 낸다. 그 다음 아래서부터 칼집을 만나도록 자른다.

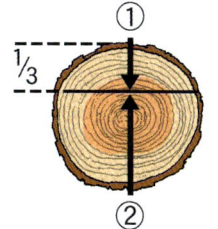

한 쪽 지지의 경우

그림과 같이 나무가 한 쪽만(한 쪽은 말목으로, 다른 한 쪽은 지지하는 곳 없이 공중에 뜬 상태) 받쳐져 있는 경우는 압축력이 아래에서 가해지기 때문에 칼집도 아래에 낸다. 지름의 1/3 지점을 아래에서 위로 칼집을 낸 다음 위에서 잘라 떨어뜨린다.

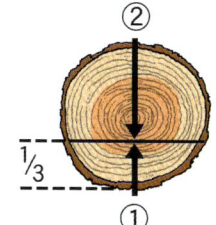

체인 톱이 끼지 않도록 주의한다

나무 기둥 사이에 체인 톱이 끼일 위험이 있을 때는 천천히 앞뒤로 체인 톱을 움직이면서 자르는 것이 좋다. 가이드 바의 움직임이 둔해지는 것을 잘 느끼고, 반응이 빠르다면 체인 톱이 끼이기 전에 가이드 바를 꺼낼 수도 있을 것이다.

스파이크를 사용하여 부드럽게 자른다

큰 나무를 썰 때는 스파이크를 이용하면 작업이 아주 부드러워진다. 스파이크를 축으로 하여 왼손으로는 전방 손잡이를 앞으로 밀면서 동시에 오른손으로는 후방 손잡이를 들어 올리는 방식으로 지렛대의 원리를 응용하면 쓸데없는 힘을 들이지 않고 나무 썰기 작업을 할 수 있다.

바람에 쓰러진 나무 처리에 주의한다

이런 경우는 태풍이 강타한 숲(바람에 쓰러진 나무) 등에서 보게 된다. 나무가 심하게 휘어 나무 썰기를 하면 바깥쪽으로 미치는 영향이 크다. 이런 경우에는 압축 부분을 V자형으로 오픈 커팅 한 다음 위에서부터 잘라 들어간다.

가지치기의 기본

가지치기는 나무를 베어 넘어뜨린 다음 하게 되는 작업이다. 가지치기를 큰 무리 없이 단계적으로 행하기 위한 노하우를 소개한다. 작업을 시작하기 전에는 안정적인 두 다리의 위치를 정한다. 벌목한 나무로부터 약 10센티미터 떨어진 거리가 일반적으로는 작업하기 쉬운 위치이다. 또한 여기에서 소개하는 노하우는 체인 톱 본체를 나무 또는 다리로 지탱하여 지렛대의 원리를 이용하는 방법. 가능한 체인 톱을 들지 않는 것이 포인트이다. 가지치기는 특히 킥 백이 일어나기 쉬운 작업이다. 이를 고려해 작업의 효율성뿐 아니라 안전성을 확보하는 것까지 생각해 고안한 패턴이다.

가지치기 작업은 위의 그림과 같이 앞으로 나가면서 나무 기둥의 위를 지그재그로 체인 톱을 움직여가며 한다. 포인트는 체인 톱의 무게를 나무 기둥에 맡기고 진자처럼 조작하는 것이다. 체인 톱을 옆으로 뉘어 움직일 때는 가속 조절기를 엄지손가락으로 잡는다. 킥 백을 피하기 위해서도 아래 그림과 같이 가이드 바 끝부분 상부를 사용하지 않도록 한다.

■ 안전한 가지치기 작업 요령

작업하는 높이가 포인트

몸을 굽혀 작업하면 쉽게 피곤해지기 때문에 작업 위치를 높게 하는 것이 좋다. 주변의 나무, 돌, 지형의 기복 등을 이용하여 적절한 높이를 맞추고 목재를 안정시킬 것. 허리 아래에서부터 무릎 사이에서 가지치기 작업을 하는 것이 가장 좋다.

안정적인 작업 자세를 유지

두 발의 방향을 다르게 해서 충분히 벌리는 것이 안정적으로 자세를 유지하는 방법이다. 체인 톱은 몸에 걸치고 조작한다.

쥐는 방법으로 피로를 줄인다

무리한 자세로 작업하면 쉽게 피곤해진다. 포인트는 오른 손목. 구부리지 않고 쭉 뻗는 것이 기본이다.

킥 백에 주의한다

우선 가이드 바의 끝부분 쪽은 사용하지 않는다. 작업 중에는 항상 엄지손가락과 나머지 네 손가락을 모두 이용해 감싸듯 손잡이를 잡는다.

Chapter 4

체인 톱으로 물건 만들기

우드 램프 만들기

백화점에서 사면 수십만 원은 할 것 같은 우드 램프. 그런데 체인 톱의 간단한 기술로도 짧은 시간에 아주 간단히 만들 수 있다. 통나무를 사용해 오직 하나뿐인 나만의 램프 만들기에 도전!

사용한 체인 톱

사용한 체인 톱은 모두 3대. 작업 진행에 따라 대형부터 소형까지 용도에 맞게 사용했다. 왼쪽 아래 사진부터 시계 방향으로 배기량 54시시의 허스크바나 254, 49.4시시의 허스크바나 350, 35시시의 TANAKA ECV-3500N. 허스크바나에는 16인치 바, TANAKA에는 12인치 카빙 바를 사용했다.

수공예품 느낌이 풍부한 마무리

틈새로 새어나오는 불빛이 분위기 좋은 바와 같은 느낌을 연출하는 독특한 우드 램프. 조금 더 밝기를 원한다면 틈새의 폭을 넓혀보는 것도 좋다.

우드 램프 만드는 순서

■ 사전 준비 작업

1 사용할 통나무는 지름 20센티미터의 삼나무. 허스크바나 254를 사용하여 30센티미터 길이로 썬다. 이 때, 통나무 밑에 판자 등을 깔아 높이를 맞추면 작업하기 편하다. 2 자른 통나무를 받침대 위에 올려 두고 여러 군데를 나사로 임시 고정한다. 3 체인 톱날에 모래 등 불순물이 끼지 않도록 통나무를 두들겨 깨끗하게 해둔다. 같은 이유로 비에 맞은 통나무 끝부분을 잘라버린다. 이때 스파이크를 이용해 원호를 그리듯 가이드 바를 움직이면 수평으로 자를 수 있다. 4 통나무의 바깥 부분을 깎아 램프의 모양을 만든다. 5 이때 체인 톱을 똑바로 내려 자르는 것도 좋지만 곡선을 만들면서 자르면 재미있는 디자인이 나올 수 있다. 6 마지막으로 체인 톱을 수평으로 뉘어 바깥의 잘라낸 부분을 제거한다. 7 다각형으로 잘라 우드 램프의 원형을 완성한다.

위험한 킥 백을 피하는 기술

킥 백은 위험 지대라 불리는 가이드 바 끝부분 상부 1/4 지점이 목재에 닿으면서 그 회전 추진력으로 인해 가이드 바가 반발하여 튀어 오르는 것을 의미한다. 이로 인해 두부에 상처를 입는 작업자들도 많다. 킥 백을 피하기 위해서는 가이드 바의 끝부분 상부가 통나무에 닿지 않도록 주의하고, 또한 체인 회전을 자동으로 멈추게 하는 스토퍼의 기능은 사전에 항상 점검하도록 한다. 헬멧 등 안전 장비를 착용하는 것도 중요하다.

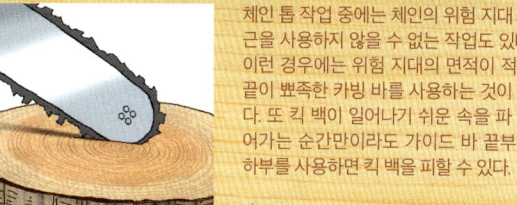

체인 톱 작업 중에는 체인의 위험 지대 부근을 사용하지 않을 수 없는 작업도 있다. 이런 경우에는 위험 지대의 면적이 적은 끝이 뾰족한 카빙 바를 사용하는 것이 좋다. 또 킥 백이 일어나기 쉬운 속을 파 들어가는 순간만이라도 가이드 바 끝부분 하부를 사용하면 킥 백을 피할 수 있다.

■ 구멍을 뚫는다

8 이어서 구멍을 뚫는 작업. 우선은 깎아낼 부분의 경계에 먹선을 긋는다. 처음부터 깎아내려고 하는 부분에 최대한 근접해 가이드 바를 대면 통나무 바깥쪽까지 뚫어버릴 우려가 있으므로 주의한다. 사용하는 체인 톱은 허스크바나 254. 9 가이드 바를 들이댄다. 포인트는 날 끝이 통나무의 중앙부를 향하도록 한 방향에서 깎아 들어가는 것. 10 가이드 바를 넣는 각도. 가이드 바를 너무 기울이면 구멍이 뚫린다. 사전에 가이드 바의 길이와 통나무의 길이를 확인하고, 가이드 바를 들이밀어 넣을 기준선을 체크한다. 11 처음에는 칼집을 네 변에 넣는다. 12 이어서 다각형으로 파 들어간다. 13 최종적으로 원뿔형으로 속을 도려낸다. 14 원뿔형으로 도려낸 통나무 내부를 매끈하게 한다. 우선 허스크바나 350을 사용해, 가이드 바로 통나무 속을 쳐내며 울퉁불퉁한 요철을 다듬는다. 이때 가이드 바를 통나무 속으로 밀어 넣고 나서 엔진을 켜면 킥 백 없이 작업을 끝낼 수 있다. 15 요철을 고르면서 통나무 두께를 점점 줄여간다. 이때 통나무 두께를 충분히 줄이지 않으면 램프가 무거워져서 매달기가 어려워진다.

■ 무늬 새기기와 틈새 깎기

16 표면에 무늬를 새겨 넣는다. 사용한 체인 톱은 TANAKA ECV-3500N. 17 가이드 바의 끝부분 쪽으로 깎는다. 날은 통나무에 접하도록 대고 회전수를 일정하게 유지하면서 천천히 가이드 바를 내린다. 18 여기에서도 완만한 곡선 무늬를 새기는 것이 독특한 디자인이 된다. 19 무늬 새기기 완성 20 다음은 불빛이 새어나갈 틈새를 깎는다. 이때도 역시 처음에는 가이드 바의 끝부분 하부를 이용해 작업하면 킥 백을 피할 수 있다. 21 틈새도 곡선으로 깎는다. 사용한 체인 톱은 허스크바나 350. 22 왼손은 전방 손잡이의 대각선 윗부분, 오른손은 후방 핸들의 윗부분을 잡으면 곡선을 그리며 작업하기 쉽다. 23 마지막으로 통나무 하부를 수평으로 켜서 잘라낸다. 24 무늬를 새긴 표면이나 각진 모서리 등은 핸드그라인더(디스크페이퍼 60번)로 다듬는다. 25 틈새도 매끄럽게 마무리한다.

■ 소켓을 끼워 완성

■ 완성

26 소켓을 설치할 구멍을 뚫는다. 포인트는 통나무의 중앙부를 도려내는 것. 통나무가 깨지는 것을 방지할 수 있기 때문이다. 사용한 공구는 지름 36밀리미터의 칼날을 끼운 전동 드릴. 27 램프 갓 양 옆에 매달 끈을 끼울 지름 18밀리미터의 구멍을 뚫는다. 28 시판하는 소켓을 끼운다. 29 코드를 램프 윗부분으로 꺼내고, 보다 안전하게 하기 위해 낙하 방지용 걸쇠로 고정한다. 30 끈을 달아 완성.

우편함 만들기

독특한 모양의 은행나무 통나무를 사용해 우편함 만들기에 도전해보자. 사용한 도구는 물론 체인 톱. 작업 시간은 반나절에서 하루 정도. 체인 톱의 기본 동작을 익혔다면 누구라도 간단하게 만들 수 있다.

사용한 체인 톱

우편함 만들기에 사용한 체인 톱은 한 대. 허스크바나 254는 54시시의 체인 톱으로 현재는 단종 되었다. 허스크바나 254와 비슷한 것으로는 허스크바나 357XP와 허스크바나 357XPG. 가이드 바 길이는 12인치이다.

우편물 도착이 기다려진다!

이번에 도전할 것은 받침대가 달린 우편함. 앞은 우편물 투입구. 반대편에는 경첩을 달아 열고 닫을 수 있는 구조로 우편함 안의 우편물을 꺼낼 수 있다. 나무의 자연스러운 질감을 살린 것으로 자연스러움을 지향하는 사람들에게 안성맞춤이다.

우편함 만들기 순서

■ 사전 준비 작업

1 사용할 통나무는 지름 27센티미터의 은행나무. 45센티미터 길이로 썰어 우편물 투입구 쪽과 우편물을 꺼내는 쪽을 결정한다. 2 우편함 바닥을 수평으로 켜기 위해 수준기로 수평을 재 먹선을 긋는다. 3 장축 방향으로 먹줄통을 이용해 먹선을 긋는다. 4 통나무를 수평으로 자른다. 처음에는 스파이크를 통나무에 물려 가이드 바의 아랫부분으로 칼집을 넣는다. 5 포인트는 먹선보다 위쪽에 날을 대는 것. 다음에 브러싱 작업을 할 때 잘려나갈 부분을 남겨두기 위함이다. 6 잘라낸 표면을 브러싱. 처음에는 평면에 수직으로 가이드 바를 댄다. 7 마무리 작업으로 가이드 바의 윗날을 사용해 표면을 쓰다듬듯이 브러싱 한다. 8 다음은 우편물을 우편함에서 꺼내기 위한 뚜껑을 만든다. 우선 경첩을 부착할 부분에 먹선을 긋는다.

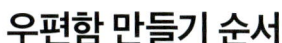

평면 자르기를 수평으로 마무리하는 기술

체인 톱 작업의 기본인 수평 자르기에서는 스파이크를 사용하고, 가이드 바를 지그재그로 움직이는 것이 수평으로 마무리하는 가장 중요한 요령이다. 칼집을 넣을 때는 통나무에 물린 스파이크를 축으로 하여 가이드 바를 원호 모양으로 움직인다. 그 다음 가이드 바의 끝부분에 가까운 쪽과 통나무의 접점을 축으로 하여 원호 모양으로 움직인다. 이를 반복하면 수평으로 자를 수 있다.

커트의 흐름은 커트가 끝난 평면에서 확인. 또 가이드 바가 반드시 수평으로 움직이고 있다고 할 수 없으므로 먹선을 수시로 확인하며 자르도록 한다.

9 먹선을 그은 곳을 수평으로 자른 다음 통나무에 날을 수직으로 대고 자른다. 그리고 앞에서 한 것과 마찬가지로 두 단계에 걸쳐 브러싱 작업을 해 단면을 고르게 한다. 10 다음으로는 통나무의 속을 파내야 하기 때문에 투입구 쪽을 일단 잘라낸다. 이를 위해 먹선을 긋는다. 이때 잘라낸 통나무는 통나무 속을 파낸 다음 투입구 뚜껑이 되도록 나사로 고정하게 된다. 따라서 나사의 길이를 고려해 잘라낼 길이를 결정할 것. 대략 단면이 나사 길이의 1/3쯤 되도록 하는 것이 좋다. 11 먹선을 그은 부분을 썬다. 12 우편물을 꺼내는 쪽은 경첩의 위치를 확인한 다음 먹선을 긋고 썬다.

■ 우편함 속 파내기

13 드릴 작업에 들어가기 전에 가이드 바가 통나무를 관통할 수 있는지 길이를 확인한다. 14 도려낼 부분을 먹선으로 표시한다. 이때 경첩의 나사가 우편함 내부로 들어가지 않도록 체크한다. 15 통나무를 세로로 세워 킥 백을 방지하기 위해 가이드 바 끝부분 보다 아래에 있는 날을 입구에 대고 파 들어가 간다. 가이드 바가 통나무에 꽂히면 가이드 바를 수직으로 하여 들어간다. 16 먹선은 원호 모양으로 그었지만 단번에 원호로 자를 수는 없다. 우선 먹선을 따라서 다각형으로 잘라들어간다. 17 육각형으로 칼집을 넣은 상태. 18 뒤를 보면 가이드 바가 약간 이쪽저쪽을 향해 들어갔다는 것을 알 수 있다. 19 처음에 칼집을 넣은 부분과는 반대쪽에서 체인 톱을 넣어 어긋난 곳을 맞춰가며 수정한다. 20 통나무 속을 도려낸다. 21 통나무를 옆으로 뉘여 조금씩 돌리면서 도려낸 내부를 브러싱 한다. 22 마무리된 통나무 내부.

■ 뚜껑 만들기

23 우편물 투입구가 될 나무 판을 고정. 처음에는 실리콘을 바른다. 24 나무 판에 75밀리미터 외장용 나사를 사용해 다섯 군데 정도 고정한다. 25 우편물 투입구 반대편에 경첩을 부착한다. 나사를 조일 때는 경첩이 서로 어긋나지 않도록 드릴로 미리 구멍을 뚫어둔다. 26 손잡이가 될 나뭇가지를 나사로 고정한다. 27 우편물 투입구 위치에 구멍을 뚫는다. 먹선의 중심에 가까운 위치에 가이드 바를 넣고 천천히 입구를 넓혀간다.

■ 받침대와 다리 만들기

■ 완성

28 우편함의 다리가 될 구부러진 나뭇가지를 적당한 길이로 자른다. 29 다리의 아래 부분에 받침대와 연결할 이음매를 만들기 위해 먹선을 긋는다. 30 이음매를 체인 톱으로 자른다. 31 이음매를 받침대에 대고 들어갈 구멍을 뚫기 위한 먹선을 긋는다. 32 이음매가 들어갈 구멍을 체인 톱으로 뚫는다. 33 이음매 구멍에 이음매를 대고 고무망치로 두드려 끼운다. 또 받침대에 나사로 고정한다. 34 우편함을 올려둘 받침대를 설치하기 위해 다리의 안정적인 위치를 수평으로 자른다. 계속해서 단면을 브러싱해 평평하게 마무리한다. 35 평평하게 썬 나무를 올리고, 위에 세 곳, 아래에 여러 곳을 나사로 고정한다. 36 완성. 취향에 따라 화분 받침을 만들어 붙이는 등 마음대로 활용해본다.

체인 톱 아트 인기 급상승 중!!

체인 톱이라고 하면 파워 풀 하면서도 호탕한 이미지가 떠오르지만 실제로는 구사하는 기술에 따라 세밀한 작업도 가능하다. 그 최고봉은 체인 톱을 구사해 하나의 통나무로부터 조각품을 만들어내는 체인 톱 아트. 작품의 완성도가 높을 뿐 아니라 그 제작 과정도 박력이 넘쳐 최근 들어 각지에서 대회나 쇼가 개최되는 등 인기 상승세에 있다.

체인 톱으로 만드는 조각 작품
체인 톱 기술을 구사해 세밀한 조작을 하는 체인 톱 아트(체인 톱 카빙이라고도 한다). 작품의 세밀함은 손으로 하는 조각품에 버금간다.

작품 분위기는 다양하다
어떤 작품을 만들 것인지는 당연히 작가의 자유이지만 독수리나 올빼미와 같은 동물을 조각한 작품이 많다. 최근에는 아기자기한 작품도 늘어나고 있는 추세이다.

각지에서 대회나 쇼도 개최 중
각지에서 체인 톱 아트 기술을 겨루는 대회가 개최되는 등 체인 톱 아트 인구가 점점 증가하고 있다. 완성된 작품은 경매를 통해 고가에 매매되기도 한다.

일본 최초의 체인 톱 전문 아티스트 키도코로 씨의 조언

**"무조건 안전제일-
안전 용구는 반드시 착용"**
키도코로 케이지 씨는 일본 최초의 체인 톱 전문 아티스트.
"체인 톱 아트는 위험한 작업이라는 것을 절대 잊지 말아야 합니다. 물론 챕스나 고글은 필수적으로 착용해야 합니다. 장갑은 손목을 고정해주는 카빙 전용을 추천합니다. 우선 안전과 기본 기술에 대해 확실히 배울 수 있는 교육 과정을 찾아보세요!"

30분 만에 박력 넘치는 독수리 만들기

사용한 체인 톱
체인 톱 아트에는 배기량 30~40시시의 체인 톱이 주로 사용된다. 이번에는 초벌 조각에는 배기량 37.2시시의 코마츠 제노아(ZENOAH) 3700을, 마무리 작업에는 31.8시시의 3200EZ 를 사용했다. 가이드 바의 끝부분이 뽀족해서 세밀한 작업을 하기 쉬운 카빙 바를 장착했다. 킥 백도 잘 일어나지 않는다.

독수리를 완성하기까지

1 이것은 작업 전 통나무의 상태. 여기에서부터 시작이다

2 작업 시작 전 의식으로 멋지게 나무 부스러기를 날린다.

3 통나무에 밑그림을 그리고 나서 초벌 조각을 시작한다.

4 우선 대충 전체적인 실루엣을 만들어 간다.

체인 톱 아트의 본고장 미국에서 가장 인기 있는 오브제
세밀한 날개를 배경으로 씩씩한 독수리 머리를 조각했다. 독수리는 미국에서 인기가 높다.

5 뒤쪽의 날개 부분을 끝내고 독수리 얼굴 부분으로

6 이것으로 초벌 조각은 거의 마무리 되었다. 대략적인 모양이 생겼다.

7 가이드 바의 끝부분을 사용해 독수리 눈 세공에 들어 간다.

8 독수리의 특징이기도 한 구부러진 부리가 드러났다.

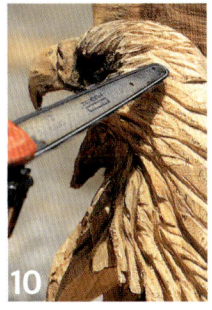

9 전후좌우에서 독수리 머리의 실루엣을 만들어간다.

10 깃털의 선을 하나하나 정성 껏 만들어간다.

11 마지막으로 뒤쪽의 날개에 깃털 선을 새긴다.

■ 완성
날카로운 부리를 가진 독수리 완성. 완성하는데 30분 정도 걸렸다.

조금 더 시간을 들여 만든 체인 톱 아트 작품

미묘한 기계톱 워크와 이미지 만들기가 관건

우선 자신이 가지고 있는 이미지를 입체화 하여 어떻게 통나무를 가공할 것인가가 어려운 점이다. 실제로 체인 톱 작업에서는 가이드 바의 끝부분을 많이 사용하기 때문에 카빙 바가 아니면 작업하기가 어렵다.

인기 No.1 오브제는 개

다음은 사실적이면서도 귀여운 개를 조각한 작품. 개는 최근 들어 특히 인기가 높은 오브제이다. 자신의 반려견을 모델로 해서 만들어달라는 의뢰도 많다고 한다.

개를 완성하기 까지

■ 우선은 초벌 조각

1
밑그림. 통나무의 튀어나온 부분이 개의 엉덩이가 된다.

2
초벌 조각 시작. 우선은 직선으로 자른다.

3
전체적인 실루엣에 따라 체인 톱을 넣는다.

4
앞에서는 이것으로 대략 OK. 다음은 옆이다.

5
옆에서 본 이미지를 다시 밑그림으로 그린다.

6
옆에서 자르기 시작. 아직은 직선으로 잘라도 상관없다.

7
가이드 바로 파고들면서 자른다.

8
초벌 조각 완료. 살짝 개의 모양이 보인다.

■ 전체적인 실루엣을 만드는 중간 조각

중간 조각은 이미지를 잡기 위해 개의 얼굴부터 시작한다.

불필요한 부분을 깎아 없애고 가슴 부분을 만들어 간다.

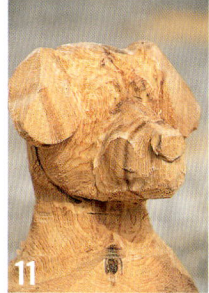
코와 귀의 모양이 완성되어 간다. 이것만으로도 사랑스럽다.

다리 부분은 깊이 깎을 필요가 있다.

좌우에서 V자 모양으로 번갈아가며 톱을 넣어 조금씩 깎는다.

깊이 깎는 것은 꽤 어려운 작업. 날 끝도 많이 사용한다.

드디어 가지런히 모은 양발과 배의 모양이 보이기 시작한다.

중간 조각 완료. 실루엣만으로도 꽤 리얼하다.

■ 마무리

세밀한 부분에 착수한다. 우선 발끝의 모양을 만든다.

발끝이 만들어진 것만으로도 완성에 가까워진 듯 하다.

물론 뒷모습도 마무리. 꼬리가 귀엽다.

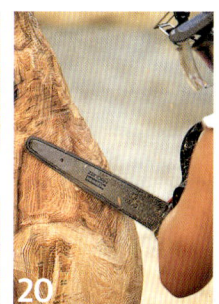
등을 쓰다듬듯이 잘라 매끄럽게 마무리한다.

눈을 조각하기 시작한다. 중요한 부분이므로 신중하게

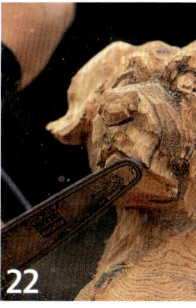
입 부분을 조각해 표정을 짓게 만든다. 곧 완성이다

건조한 날씨에 금이 가는 것을 방지하기 위해 등 쪽 중앙에 칼집을 넣는다.

■ 완성
지금 당장이라도 달려 나갈 것 같은 개가 40분 정도 걸려서 탄생!

초보자도 할 수 있는 간단한 의자 만들기

전문가의 도움을 받아 의자 만들기에 도전!

앞에서 소개한 작품은 사실 초보자에게 상당히 어려운 것들이다. 이번에는 좀 더 간단한 의자 만들기를 소개한다. 전문가가 하나하나 자상하게 가르쳐주는 것을 배우면서 말이다. 그런데도 겨우 30분이면 완성할 수 있다.

1 우선 주변이 안전한지 확실히 확인하고 엔진을 시동한다.

2 다리 부분부터 깎기 시작한다. 최종적으로는 뒤집어진다.

3 두 개씩 선이 직각으로 교차되도록 칼집을 넣는다.

4 깊이는 이 정도. 이제 다리 이외의 부분을 자른다.

5 다리를 둥그스름하게 만든다. 비스듬하게 자르는 것이 꽤 어렵다.

6 다리 안쪽을 잘라낸다. 중앙에 사각형 부분을 남기고 양 옆을 자른다.

7 가이드 바의 끝부분을 사용해 중앙의 사각형을 조금씩 잘라간다.

8 다리가 되는 부분까지 잘라버리지 않도록 조심히 작업한다.

9 좌석이 되는 부분을 한 바퀴 돌려 비스듬히 잘라 모양을 좋게 한다.

10 통나무에서 잘라낸다.

11 주변을 한 바퀴 돌아가며 브러싱 해 표면을 매끄럽게 마무리한다.

12 앙증맞은 의자가 완성. 약간 찌그러진 것 같지만 어쨌거나 완성이다.

Chapter 5

노치 작업

노치 작업이란

노치(notch) 작업이란 통나무집을 만들 때 필요한 작업이다. 통나무를 횡으로 쌓아 만드는 통나무집은 벽과 벽이 교차하는 부분에 노치를 만들어 통나무와 통나무가 단단히 결합되도록 해 견고하고 틈이 벌어지지 않는 벽을 만드는 구조이다.

체인 톱 등을 사용해 이러한 노치를 만드는 것을 노치 작업이라고 하며, 노치 작업을 할 때는 스크라이버(scriber)라는 전용 도구로 먹선을 그어 만든다. 노치에도 여러 종류가 있지만 현재 가장 일반적인 노치는 새들 노치(saddle notch)라는 타입이다.

깔끔한 노치를 만들기 위해서는 물론 나름의 테크닉이 필요하지만 반대로 생각하면 이 테크닉을 마스터하면 직접 통나무집을 지을 수 있다는 것이기도 하다. 꼭 도전해보기를 바란다.

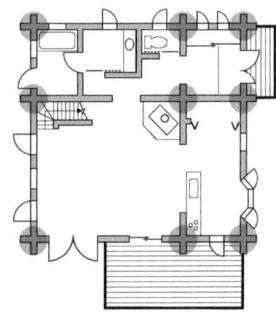

통나무집 건축의 기본 구조 노치

통나무를 횡으로 쌓아올린 통나무집에서 교차하는 부분에 틈이 생기지 않도록 통나무를 쌓으려면 통나무가 겹쳐지는 부분에 그루브(groove, 홈)를 파서 노치를 만들어야 한다. 통나무집 특유의 이 구조는 건물의 강도를 높이는 데 중요한 역할을 할 뿐 아니라 외관에도 큰 영향을 주기 때문에 장식적인 효과도 크다.

노치의 구조와 종류

새들 노치

현재 핸드 커팅 통나무집에서 가장 많이 이용되고 있는 노치의 형태. 교차하는 하단 통나무 상부에 스카프 컷을 넣어 면을 만드는 것으로, 시간이 흘러 나무가 수축해도 틈이 잘 생기지 않는다. 스카프 부분이 말의 안장(saddle)을 닮아서 붙은 이름이다.

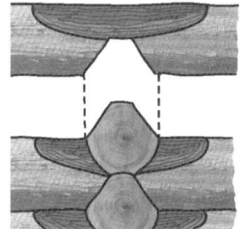

라운드 노치

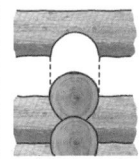

상단 통나무 하부를 하단 통나무 모양대로 파낸 가장 심플한 노치가 라운드 노치(round notch). 노치의 원형이라고 하지만 목재의 변형에 대응하기 어렵다는 것이 난제이다.

웨지 노치

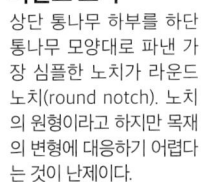

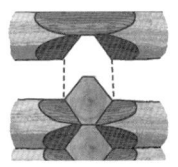

스카프 컷을 통나무 상하에 만든 새들 노치의 발전된 형태. 옆에서 가해지는 압력에 강하지만, 절단면이 많아 굵은 통나무를 사용할 때 웨지 노치(wedge notch)를 쓰는 게 좋다.

노치 작업은 체인 톱 기술이 돋보이는 일

과거에는 도끼를 사용해 노치를 만들었지만 지금은 대부분 체인 톱을 사용한다. 노치 작업이야말로 정확하고 군더더기가 없는 체인 톱 사용이 요구되는 작업이다.

통나무에 정확한 절단선을 긋는 스크라이빙과 스코어링

스크라이빙이란 노치를 만들 때 '스크라이버'라는 컴퍼스 모양의 전용 도구를 사용해 하단 통나무의 라인을 상단의 통나무에 그대로 베껴 그리는 먹선 작업을 말한다. 스크라이버를 사용하기 전에는 반드시 수평을 맞춰야만 하는데, 이때 필요한 것이 프롬보드. 이는 중력에 대해 어느 방향에서든 수직이 되는 선을 긋기 위한 것으로 공사 현장에서는 판자로 조립해 만들어 사용하는 경우가 많다.

절단선을 그릴 때는 레벨을 봐가며 스크라이버를 수평으로 유지하면서 가능한 양손으로 지탱하며 잡는다.

그리고 스크라이버로 그려진 절단선을 체인 톱으로 자르기 전에 꼭 해야만 하는 작업이 스코어링이다. 칼이나 끌과 망치를 사용해 절단선에 미리 칼집을 넣는 작업으로 체인 톱이 들어가면서 나뭇결이 뜯기지 않도록 하는 역할을 한다.

스크라이빙의 기본 자세와 잡는 법

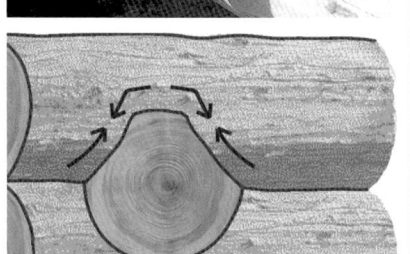

스크라이버에는 수준기가 있다. 이것을 보면서 수평을 유지한 상태에서 스크라이빙을 한다. 양손으로 안정적으로 잡으면 된다. 단 수준기에 손이 닿지 않도록 한다.

절단면의 나뭇결이 뜯기지 않도록 하는 스코어링

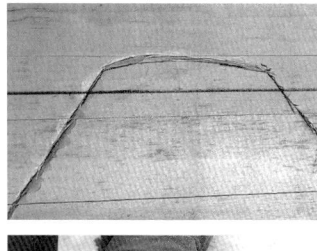

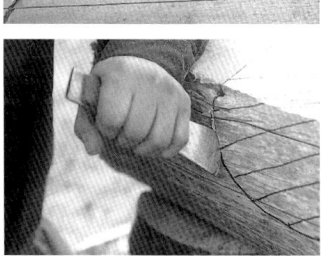

체인 톱에 의해 나뭇결이 뜯기지 않도록 하는 작업이 스코어링. 나무의 섬유 조직과 같은 방향으로 내는 그루브에는 필요 없지만 섬유와 교차하는 방향으로 자르는 노치에서 절단면의 나뭇결이 뜯길 수 있기 때문에 칼과 망치를 사용해 절단될 부분의 섬유 조직을 미리 자른다.

스크라이버란?

모양은 컴퍼스와 같으며 한 쪽에는 뾰족한 침이, 다른 한 쪽에는 연필이 달린 것과 양쪽 모두에 연필이 달린 것이 있다. 상부에는 수준기가 달려 있다.

수직선을 만드는 프롬보드를 만들어보자

프롬보드는 스크라이버의 수준기를 세팅하기 위한 도구이다. 스크라이버의 두 개 침을 그대로 갖다 댔을 때 수직이 되도록 조절한다. 오른쪽/ 휴대할 수 있도록 만든 프롬보드. 나무 등에 고정하고 윗부분의 수준기를 보면서 수직을 만든다. 측면에 난 골에 스크라이버를 대고 레벨을 설정한다. 아래/ 공사 현장에서는 판자로 만들 수 있다. 만드는 방법은 땅에 박힌 말뚝에 판자를 수직으로 대기만 하면 된다. 이때 쐐기를 사용해서 판자가 수직이 되도록 하는 것이 중요하다.

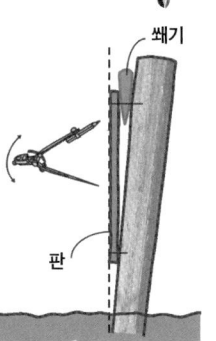

쐐기

판

새들 노치를 마스터하자

통나무집 짓기에서 가장 즐거운 일은 체인 톱 작업. 특히 노치 작업은 그 꽃이라 할 수 있다. 여기에서는 통나무를 횡으로 쌓아올리기 위해 반드시 필요한 노치 만들기를 설명하도록 한다.

　　노치에는 여러 종류가 있지만 가장 흔한 새들 노치를 소개한다. 새들 노치의 특징은 통나무가 교차되는 부분에 스카프라는 컷을 넣어 통나무의 단면을 말의 안장(새들) 모양으로 만드는 것. 이로 인해 통나

무집의 숙명이라 할 수 있는 세틀링(settling, 하방침하현상-목재가 건조되면서 수축하는 것)에도 대응하기 쉽고, 통나무가 쐐기처럼 서로 맞물려 뒤틀리지 않게 된다는 장점이 있다. 게다가 스카프 컷을 넣으면 통나무 표면이 평평해지기 때문에 체인 톱 작업뿐 아니라 스크라이빙 등의 작업을 하기도 쉬워진다는 이점이 있다.

새들 노치의 구조

노치에도 몇 가지 스타일이 있는데 새들 노치는 통나무의 교차부에 스카프라는 커팅 면을 만드는 것이 특징. 이로 인해 세틀링이 일어나도 틈새가 잘 생기지 않고, 작업도 쉽기 때문에 현재 가장 신뢰받는 노치 스타일이라고 할 수 있을 것이다.

세틀링에 대응하기 위해

목재가 마르면서 수축해 벽이 아래로 꺼지는 현상을 세틀링이라고 한다. 새들 노치는 안장 모양의 면이 위에서 내려오는 통나무를 그대로 미끄러져 내려오도록 한다.

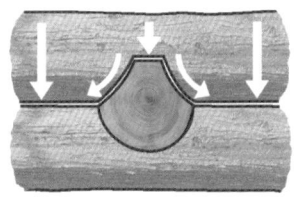

뒤틀림을 방지하기 위해

스카프 컷을 넣은 하부 통나무와 그 상부의 통나무가 쐐기 모양으로 맞물려있다. 노치 부근은 스카프의 중심으로 가장 좁아지기 때문에 뒤틀리기 어렵다.

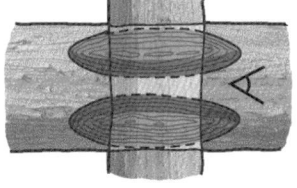

새들 노치 작업 과정

1 통나무 바르게 세팅하기
노치를 만들기 위한 일련의 작업 중에서 통나무의 방향을 정하는 이 작업은 상당히 중요하다. 통나무의 끝부분과 밑동이 번갈아 오도록 쌓는 것, 통나무 무게 중심을 벽의 중심선에 맞추는 것이 기본이다.

2 러프 스크라이빙 하기
통나무를 세팅하면 스크라이버를 사용해 하단 통나무의 모양을 상단 통나무에 그대로 베낀다. 이 작업에서는 좌우 노치의 높이(틈)를 일정 거리로 유지하는 것이 포인트이다.

3 러프 커팅 하기
체인 톱으로 스크라이빙 한 선을 따라 자른다. 신경 써야 할 것은 홈의 깊이가 될 노치 상부를 오버 커팅하지 않는 것. 세심한 주의를 기울이며 가속 조절기를 쥔다.

4 스카프 먹선 긋기와 만들기
다시 통나무를 세팅하고 상하단 통나무 사이에 가장 틈이 넓은 곳(와이디스트 포인트=터치)을 찾는다. 노치의 정점에 터치를 표시하고 '커버' 분을 뺀 위치가 스카프의 하단이 된다.

5 파이널 스크라이빙 하기
파이널 스크라이빙 폭은 노치, 그루브와 함께 터치+7밀리미터. 스카프의 오버 행은 이 시점에서 수정한다. 마무리 커팅의 사전 준비이므로 신중하게 작업하기를 바란다.

6 파이널 커팅 하기
마무리 라인이 될 스크라이빙 선을 잘라 하단 통나무에 상단 통나무를 맞물리는 기능을 하는 그루브를 만든다. 지금까지 했던 것 이상의 본격적인 체인 톱 작업이 필요하다.

7 완성

1 통나무 바르게 세팅하기

구부러진 쪽에 주의한다

통나무를 세팅할 때는 구부러진 쪽의 방향을 같게 하는 것이 중요하다. 상하 통나무 사이가 등간격이어야 러프 스크라이빙을 하기도 쉽다. 구부러진 쪽은 실내 면적을 넓히기 위해 바깥쪽을 향하도록 하는 것이 일반적. 단 처마가 없어 빗물이 들이치게 되는 벽면은 곡선이 안쪽으로 향하도록 할 수도 있다.

처마가 있는 쪽

비

처마가 없는 쪽

통나무의 끝과 밑동을 교차해서 쌓는다

통나무 쌓기의 기본은 통나무 직경이 가는 끝과 두꺼운 밑동을 교차해 쌓아 올리는 것. 외관의 균형을 맞추어 줄 뿐 아니라 모든 통나무가 똑같이 끝이 가늘어진다고 가정했을 때, 벽이 짝수 단 쌓이게 되면 수평을 유지하며 올라가게 되기 때문이다.

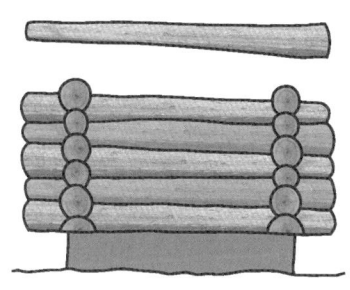

무게 중심을 벽의 중심선에 맞춘다

모양이 각기 다른 통나무의 경우 그 중심은 좌우 볼륨이 같아지는 지점이다. 즉 통나무의 무게 중심이 벽의 중심선에 맞아야 한다는 뜻이다. 벽의 중심선이 반드시 목재의 중앙을 지나지 않을 수도 있다는 것을 명심한다.

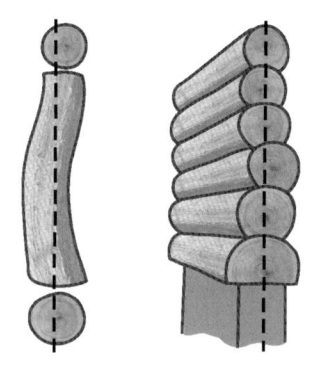

두꺼운 쪽 - 가는 쪽 - 두꺼운 쪽의 순서로 쌓는다

통나무의 굵기는 어쨌거나 불균형일 수밖에 없다. 그래서 어떤 두께의 통나무부터 쌓을 것인지가 중요하다. 기본적으로는 가장 아래 깔리는 통나무는 가장 굵을 것을 사용한다. 전체적인 안정도를 높이기 위해 기초에 올리는 면을 되도록 크게 하고자 함이다.

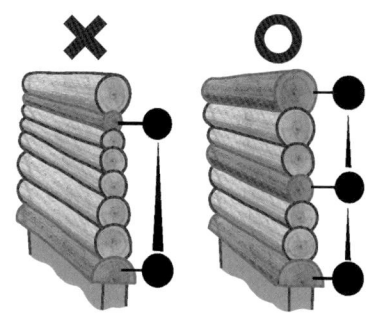

2 러프 스크라이빙 하기

러프 스크라이빙 수치 계산 방법

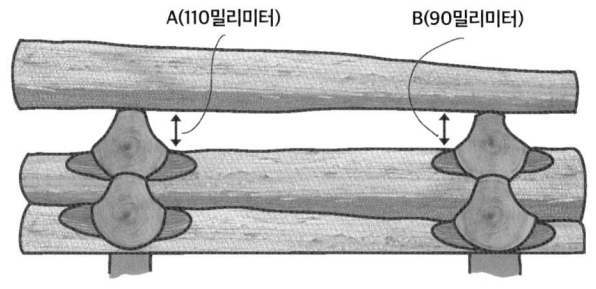

A(110밀리미터)   B(90밀리미터)

A의 스크라이빙 폭은
110-60=50밀리미터

B의 스크라이빙 폭은
90-60=30밀리미터

러프 스크라이빙은 각 노치 간에서 상하 통나무 간의 높이(거리)을 같게 만드는 작업이다. 왜 통나무 간의 높이를 같게 해야 하는가 하면 통나무의 수평을 확보하는 동시에 마무리를 좌우하는 파이널 스크라이브의 정밀도를 높이기 위함이다. 파이널 스크라이브의 폭이 너무 넓으면 정확한 선을 베껴 그리기 어렵고, 일반적으로는 60~70밀리미터가 스크라이브하기 쉽다고 알려져 있다. 즉 이번 경우는 노치 AB 간의 높이를 60밀리미터로 맞추기 위해 러프 스크라이브의 수치는 노치 A가 110-60=50밀리미터, 노치 B의 수치는 90-60=30밀리미터가 된다.

정확한 러프 스크라이빙을 하는 순서

러프 스크라이브 수치가 정해지면, 드디어 스크라이빙 작업을 실시한다. 1 스크라이버의 폭을 러프 스크라이브 수치에 맞추어 프롬보드를 사용해 수직(중력에 대해 어느 방향으로도 수직)임을 확인한다. 2·3 수준기의 기포를 보면서 수직을 유지하고 하단 통나무의 모양을 상단 통나무에 베낀다. 상단 통나무에 대해서 스크라이버를 45도 각도로 대고 천천히 스크라이빙 한다. 아래에서부터 위를 향해 당기면서 움직이면 쉽게 할 수 있다. 다만 러프 커팅을 위한 러프 스크라이빙은 좌우 노치 사이의 높이를 맞추는 것이 중요하기 때문에 상부 라인은 특히 신중하게 하고, 좌우의 라인은 어느 정도 러프해도 상관 없다. 4 반대쪽도 같은 방법으로. 스크라이브 라인의 바깥쪽(아래) 약 1센티미터를 자른다. 다만, 상부 커팅은 라인을 넘어서는 안 된다. 5 라인이 한 바퀴 돌면 종료

3 러프 커팅 하기

러프 커팅의 기본 자세

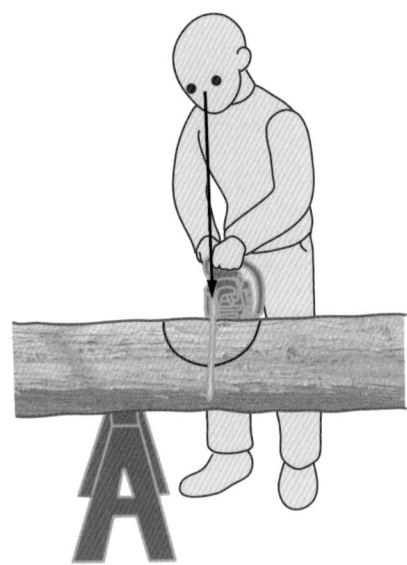

러프 커팅의 포인트는 노치 중앙으로 하는 직선 커팅. 바로 앞에서 체인 톱을 넣고 스파이크를 기준으로 하여 안쪽 라인을 자르는 것이 요령

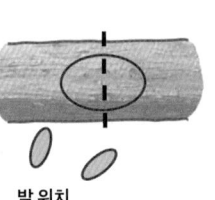
발 위치

왼쪽으로 비스듬하게 기울어진 방향으로 커팅. 상체를 약간 뒤로 젖히면서 체인 톱 무게의 일부를 몸에 맡기듯이 하면 편안하다.

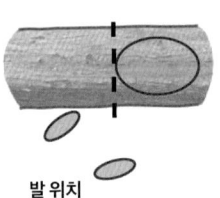
발 위치

오른쪽으로 비스듬하게 기울어진 방향으로 커팅. 상체를 구부려 커팅 라인과 가이드 바, 시선을 일직선상에 두는 것이 기본. 서 있는 위치는 노치보다 약간 오른쪽.

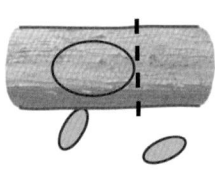
발 위치

러프 커팅 순서

1

4

6

2

5

7

3

러프 스크라이빙이 끝나면 드디어 러프 커팅이다. 그 흐름을 따라 설명한다. **1** 사선 스크라이브 라인 바깥쪽 1밀리미터 지점에 선을 긋고 칼집을 낸다. 이 정도의 오버 커팅이라면 다음 작업에도, 마무리 작업에도 문제가 없다. 처음에는 스크라이브 라인을 따라 가이드 바를 비스듬히 기울여 넣는다. 이때 가속 조절기는 거의 전속력. **2** 이번에는 오버 커팅을 하지 않도록 칼집을 낸다. 여기에서 오버 커팅은 엄금이다. **3** 반대쪽을 비스듬히 자른다. **4** 큰 나무 조각을 제거한 다음 브러싱. 앞쪽과 뒤쪽 선을 번갈아 확인하면서 바닥을 만든다. **5** 가이드 바를 세워 끝부분으로 파이널 스크라이빙을 위한 파이널 커팅을 한다. **6** 바닥에 잘리지 않고 남은 부분이 없는지 확인하고 수평이 맞으면 OK. **7** 종료

4 스카프 먹선 긋기와 만들기

먹선 그을 때 주의할 점

스카프는 통나무가 어긋나거나 뒤틀리는 것을 방지해 쐐기와 같은 역할을 한다. 먹선의 기준은 노치의 정점부에 표시한 와이디스트 포인트(=터치)에서 약 7밀리미터 아래의 위치로, 이는 스카프의 하단이 된다. 스카프 길이는 통나무의 굵기에 따라 달라지지만 스카프의 중심에서 20~30센티미터 정도가 표준이다.

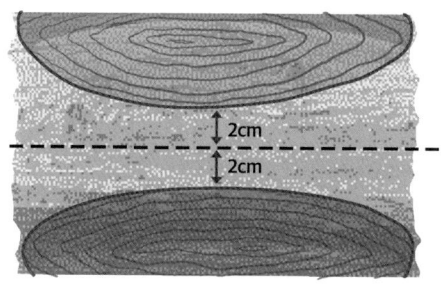

스카프를 위에서 본 그림. 중앙의 점선이 통나무의 중앙이며, 그 선에서 좌우로 2센티미터 떨어진 지점이 스카프의 상단이 되는 쐐기의 천정부가 된다.

먹선 긋는 순서

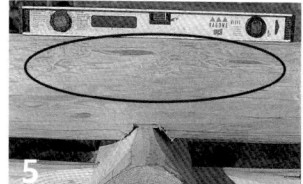

러프 커팅이 끝나면 정 위치에 다시 통나무를 세팅한다. 1 우선 스카프의 하단 라인을 결정하기 위해 상하 통나무 사이의 간격이 가장 넓은 와이디스트 포인트를 찾아 터치를 측정한다. 2 노치의 정점에 터치를 표시한다. 3 터치에서 7밀리미터 떨어진 지점을 표시하고, 수평선을 긋는다. 7밀리미터라는 수치는 커버의 폭과 같아서(60페이지 참조), 파이널 커팅을 했을 때, 스카프의 하단과 상단에 얹은 통나무의 그루브 하단 라인이 일치하게 된다. 4 여기가 스카프의 하단이 된다. 5 스카프 상단은 통나무의 중심에서 좌우로 2센티미터인 지점에 만든다. 2센티미터 혹은 3센티미터여도 상관없지만 한번 결정되면 끝까지 통일한다. 다음은 스카프의 중앙을 찾아 좌우 30센티미터 지점에 표시한다. 위, 좌, 우, 아래 네 점을 잇는 타원을 손으로 그리면 먹선 긋기는 완료

스카프 커팅의 순서

1 스카프 커팅은 시작할 때가 어렵다. 익숙하지 않으면 날이 미끄러져서 자르지 못하거나 반대로 너무 깊이 파고 들어가 오버 커팅을 하게 된다. 포인트는 최고 가속 상태에서 고속 회전하며 커팅 라인의 바깥쪽을 겨냥해서 체인톱의 윗날을 가볍게 꽂아 넣는다는 느낌으로 하는 것. 쳐낸다는 느낌으로 하는 것이 좋다. 2 커팅 라인을 따라서 통나무와 평행이 되도록 가이드 바를 움직이다가 나중에 부드럽게 빼내는 느낌으로. 3 이런 식으로 중앙이 약간 오목하게 마무리되었다면 굿. 다음으로는 가이드 바를 수직으로 세워 브러싱을 하여 표면을 다듬는다. 4 마지막은 디스크 샌딩 페이퍼를 사용하여 마무리. 곡면 대패를 사용해도 좋지만 가격이 비싸고 초보자는 약간 다루기 어려울 수 있다. 엣지 부분을 다듬고 싶다면 작은 손대패로 깔끔하게 마무리 한다. 물 빠짐 기능도 뛰어나게 된다. 5 완성.

5 파이널 스크라이빙 하기

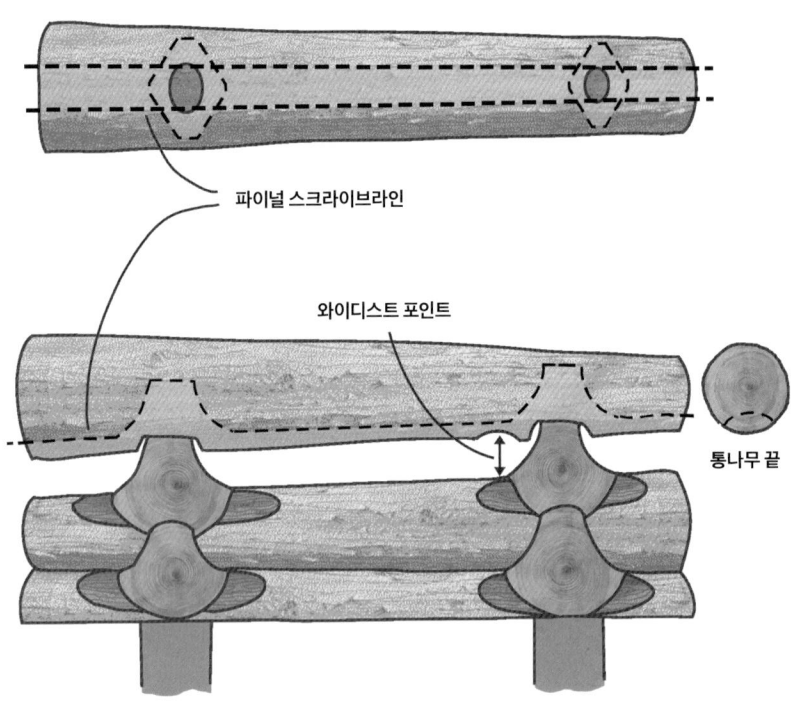

파이널 스크라이브라인

와이디스트 포인트

통나무 끝

파이널 스크라이브의 수치를 계산하는 법

러프 커팅으로 상단 통나무와 하단 통나무의 틈이 거의 균일하게 되었다는 전제로 파이널 스크라이빙을 실시한다. 스카프 먹선을 그어 찾은 터치에 커버 분인 7밀리미터를 더한 것이 파이널 스크라이브 수치가 된다. 그 수치를 스크라이버에 세팅하고 프롬보드로 수직을 확인 후, 노치, 그루브에 스크라이빙을 하면 이 작업은 완료된다.

파이널 스크라이빙 순서

1 꼼꼼하게 확인하며 와이디스트 포인트를 찾고, 여기에 커버 분인 7밀리미터를 더한 수치를 스크라이버에 세팅한다. 이것이 파이널 스크라이브 수치가 된다. 2 프롬보드로 수직을 확인한다. 3·4 러프 스크라이빙할 때와 마찬가지로 수준기의 기포를 보면서 노치와 그루브에 스크라이빙을 한다. 빈틈없이 선이 죽 이어지면 된다. 5 통나무 끝에도 같은 폭으로 스크라이빙 하지만 세틀링 시 통나무 끝에 가해지는 부담을 줄이기 위해 실제로는 그 폭보다 약간 크게 잘라낸다. 6 그린 선 위에 칼과 둥근 끌, 또는 커터칼 등으로 스코어링 한다. 이는 나무결이 뜯기는 것을 방지하기 위한 작업으로 옆은 라인보다 약간 안쪽, 정점부는 라인 위를 친다. 그루브 부분은 나무의 섬유 조직 방향과 같은 방향으로 잘라서, 스코어링 하지 않아도 된다. 7 이로써 파이널 커팅을 위한 사전 준비 작업이 완료되었다.

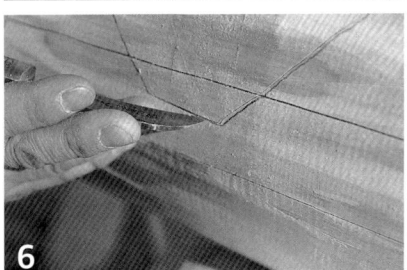

6 파이널 커팅 하기

파이널 커팅 순서

파이널 커팅은 통나무의 양쪽에서 자르는 것이 작업의 기본이다. 여기에서의 완성도가 마무리에 큰 영향을 미치므로 정확하게 커팅해야 한다는 점을 명심한다. 1·2 우선 앞쪽 한쪽 커팅부터. 가이드 바의 끝부분을 사용해서 라인보다 수 밀리미터 안쪽에서부터 점차적으로 깊이 파 들어가다가 바닥 라인의 1~2센티미터 앞에서 멈춘다. 마찬가지로 반대쪽도 커팅. 3 이제 서 있는 위치를 반대로 하여 1~2와 똑같이 맞은편도 작업한다. 라인을 지나치게 의식해서 오버 커팅하지 않도록 주의해야 한다.

4 말목이 낮으면 시선과 통나무의 거리가 너무 멀어서 작업하기 어렵다. 이 경우에는 말목을 높이거나 무릎을 땅에 대고 하면 된다. 5 한번에 나무 조각이 잘려 나오면 굿. 초보자는 1~3의 작업 후 중앙에 수직으로 칼집을 넣으면 잘 된다. 6 라인 상에 남아 있는 부분은 톱날을 옆으로 뉘여 잡고 최고 가속으로 날끝을 밑에서 위로 민다. 이때 허리와 다리 아랫부분 근처에 체인 톱을 강하게 붙이고 하면 안정적이고 조작성이 좋다.

7 마지막 마무리는 수작업으로 한다. 스코어링을 하지 않고 파이널 커팅을 하면 노치의 측면이 될 부분의 나뭇결이 뜯겨 깨끗하게 완성되지 않는다. 라인을 따라 살짝 모서리를 다듬는다. 상급자라면 체인 톱으로 못할 일이 없지만 초보자에게는 꽤 어려운 일이다. 이 작업에는 배가 둥근 끌을 사용하면 초보자도 쉽게 할 수 있다. 8 노치의 중심에는 통나무를 쌓을 때 단열재가 들어가기 때문에 절구처럼 우묵하게 한다. 9 완성.

커팅 할 때의 기본 자세

파이널 컷의 마무리 작업 중 하나로 노치 내부를 다듬는 작업은 어려우며 특히 통나무를 향해 섰을 때 오른쪽에 있는 노치를 다듬는 것에 취약한 사람도 많다. 빠르고 정확하게 하는 요령은 전방 손잡이의 그립 위치(왼쪽 사진)와 체인 톱 본체를 어떻게 해서 고정(위 사진)하는가의 문제이다. 잡는 위치가 나쁘면 팔과 손목에 부담을 주어 쉽게 지친다.

통나무를 향해 섰을 때 왼쪽에 있는 노치 내부를 다듬을 때는 상체를 약간 구부려 가슴과 배 사이에 체인 톱을 품듯이(왼쪽 사진) 들면 조작이 편하다. 이때도 후방 손잡이의 일부를 허리춤에 강하게 붙이고 확실히 잡는 것이 중요하다. 허리를 축으로 하여 가이드 바를 밑에서 위로 브러싱 한다. 또 조작의 키가 되는 왼손은 전방 손잡이 중간을 잡고(위 사진) 엄지손가락으로 세밀하게 조정하는 것이 전문가의 기술이다.

그루브의 사용

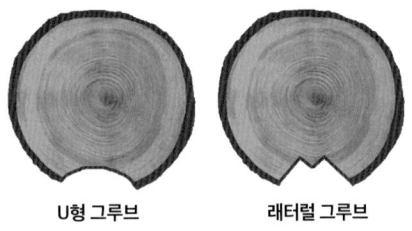

U형 그루브   래터럴 그루브

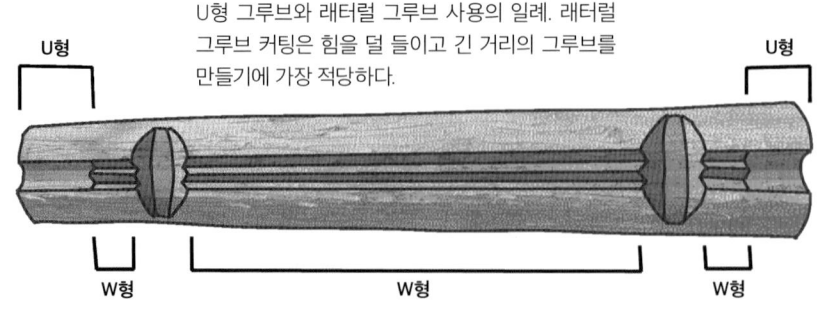

U형 그루브와 래터럴 그루브 사용의 일례. 래터럴 그루브 커팅은 힘을 덜 들이고 긴 거리의 그루브를 만들기에 가장 적당하다.

U형   U형

W형   W형   W형

오른쪽/ 일반적으로 많이 쓰이는 래터럴(lateral) 그루브는 W자 모양의 홈이다. 왼쪽/ U형 그루브는 눈에 잘 띄는 아치형 커팅 등 개구부 부근에 사용한다.

래터럴 그루브 커팅

1

2

3

번거롭지 않고 가공이 가장 간단하다는 것이 래터럴 그루브의 특징. 네 번의 커팅만으로 끝낼 수 있다. **1** 스크라이빙 선을 따라 가이드 바를 통나무의 중심을 향하게 하고 칼집을 넣는다. 통나무 굵기나 그루브 폭에 따라 달라지지만 칼집의 깊이는 50~70밀리미터가 표준. **2·3** 1의 작업으로 자른 2개의 홈으로부터 각각 반대편으로 칼집이 이어지도록 가이드 바를 비스듬히 넣는다. 나무토막이 제거되고 W형의 틈이 생긴다. 엣지 부분은 끌이나 커터로 마무리하면 간단하다.

U형 그루브 커팅

1

2

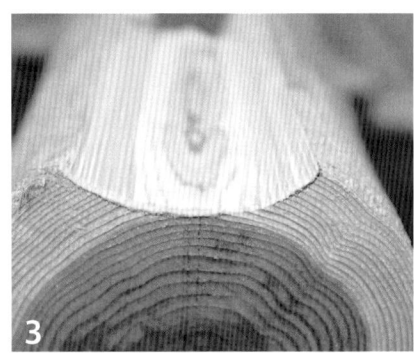

3

U형 그루브는 통나무 끝이나 창호가 들어가지 않는 개구부에 만든다. **1** 최종 트리밍을 생각해도 통나무 단면에서 50센티미터 정도를 잘라내면 OK. 미리 통나무 단면 라인을 따라서 이렇게 썰어 둔다. 이것이 그루브의 깊이이다. **2** 양쪽 스크라이빙 라인에 얕게 칼집을 넣고 1의 깊이에 맞추어 브러싱으로 돌출된 부분을 없앤다. 세로 방향으로 브러싱하기 때문에 가이드 바가 좌우로 흔들리기 쉽다. 체인 톱을 확실하게 고정하고 작업할 것. **3** 완성.

박스형 그루브 커팅

1

2

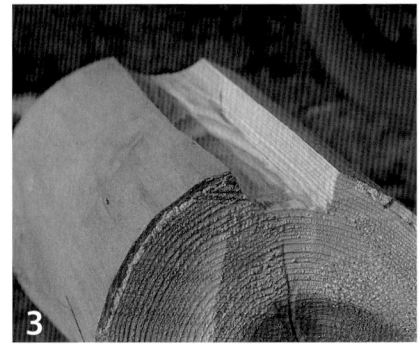

3

박스형 그루브는 U형 그루브와 똑같이 개구부에 면하는 곳에 사용되는 경우가 많다. 또한 그루브 내에 단열재를 넣을 때 래터럴 그루브인 경우보다 많이 들어갈 수 있다. 디자인적으로도 시공면에서도 뛰어난 타입의 그루브이지만 품이 많이 든다. **1** 스크라이빙 라인을 따라서 래터럴 그루브와 같은 순서로 가공한다. **2** W형의 중심 절단 부는 브러싱 하여 제거한다. 이때 바닥을 평평하게 하는 것이 특징이다. **3** 박스형이 만들어지면 완성.

7 완성

단면에서 보면 U형 그루브의 모양을 잘 볼 수 있다. 통나무 한 세트가 이곳에 올라와 쌓이면 추를 사용해 벽의 중심선을 통나무 단면에 표시한다.

통나무 세트에서 비롯된 새들 노치의 가공 작업도 이것으로 대충 종료된다. 이 작업이 통나무집 짓기의 기본이며, 다양한 체인 톱 작업 기술의 결정체인 것이다. 이제부터는 작업을 되풀이함으로써 조작 기술을 연마하고 정확성을 향상시켜야 한다.

약간의 빈틈도 없이 딱 맞게 결합되었다. 틈이 있는 경우는 노치나 그루브가 바닥에 닿아 있을 가능성이 높아 조금씩 잘라가며 수정한다.

이러한 노치 가공을 반복하여 통나무를 쌓아올리면 통나무집이 완성된다. 통나무집 한 채를 짓는다는 것은 물론 간단한 일이 아니지만 꼭 도전해볼만한 작업이다.

이번 새들 노치 가공 기술을 가르쳐준 숙련된 통나무집 건축가 쿠리다 씨. 체인 톱에 대한 조예가 깊은 체인 톱 아티스트로도 일본 내 최고 정상급 실력을 가지고 있다.

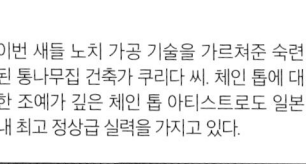

통나무집 건축가의 조언

새들 노치를 사용하는 가장 큰 이유는?

통나무집 짓기에 사용되는 노치는 크게 나누어 새들 노치와 라운드 노치 두 가지가 있습니다. 어느 쪽이 쉽게 가공할 수 있는가 라면 단연 새들 노치입니다. 게다가 틈도 잘 생기기 않습니다. 초보자라면 새들 노치 가공법만 익혀도 충분하지 않을까 생각합니다.

대부분의 사람들은 통나무의 형태를 그대로 베껴 가공하기만 하면 되는 라운드 노치와 비교하면 스카프를 가공하는 새들 노치 쪽이 힘들지 않을까 생각합니다. 하지만 라운드 노치 쪽이 오히려 초보자에게는 어렵습니다. 빈틈없이 한번에 만들 수 있는 초보자는 없지요. 수정을 위한 시간이 걸립니다.

전문가의 눈으로 본 체인 톱 선택 방법

통나무집을 짓는 사람은 대체로 스틸이나 허스크바나 중 어느 하나 또는 그 둘을 용도에 맞게 구분해 사용합니다. 저는 그 둘을 용도에 따라 구분해 사용합니다. 스틸의 경우는 직진성이 좋습니다. 그래서 벌목이나 굵은 목재를 반으로 자를 때, 그루브 커팅 등에 최적입니다. MS260을 꽤 오랫동안 사용하고 있습니다. 배기량은 48.5시시로 힘이 좋습니다.

한편 허스크바나는 세밀함이 좋고 조작성이 뛰어납니다. 특히 254(판매 목록에서 삭제된 기종)이라는 기종은 좋았습니다. 파워도, 사이즈도 정말 균형감 있게 좋은 모델이었습니다. 지금도 애용하고 있습니다.

최근에는 일본산 체인 톱의 성능도 좋습니다. 특히 20시시급 소형 기종이 좋습니다. 부드러운 일본 삼나무라면 통나무 작업을 할 때도 충분히 활약할 수 있습니다. 일본산 중에는 카빙 바 사양으로 끝부분이 가는 가이드 바가 표준 사양인 기종도 있습니다. 가볍고, 조작성도 좋아서 저도 꽤 자주 사용하고 있습니다.

통나무집 건축가들 사이에서 오랜 시간 인기를 누려온 허스크바나와 스틸. 하지만 최근에는 세밀한 작업에 용이한 일본산 체인 톱을 사용하는 사람들이 늘고 있다.

파이널 스크라이빙&스카프의 스크라이빙 할 때 등장한 커버의 '+ 몇 센티미터'는 어떤 의미인가?

파이널 스크라이빙이나 스카프의 스크라이빙을 할 때 나온 '커버'라는 단어는 통나무와 통나무가 겹쳐지는 높이를 말한다. 즉, 이 높이에 의해서, 그루브의 폭도 결정되는 것이다. 그루브 폭이 좁으면 통나무 벽에 틈이 생길 우려가 있고, 반대로 그 폭이 너무 넓으면 그루브의 도려내는 부분이 깊어져 통나무가 가늘어져 통나무의 끝에서는 강도가 떨어진다. 이러한 점을 고려하면 일반적으로 통나무집 재료로 쓰이는 직경 25센티미터 정도의 통나무를 사용할 경우 커버는 7밀리미터라는 수치가 최선이 되는 것이다.

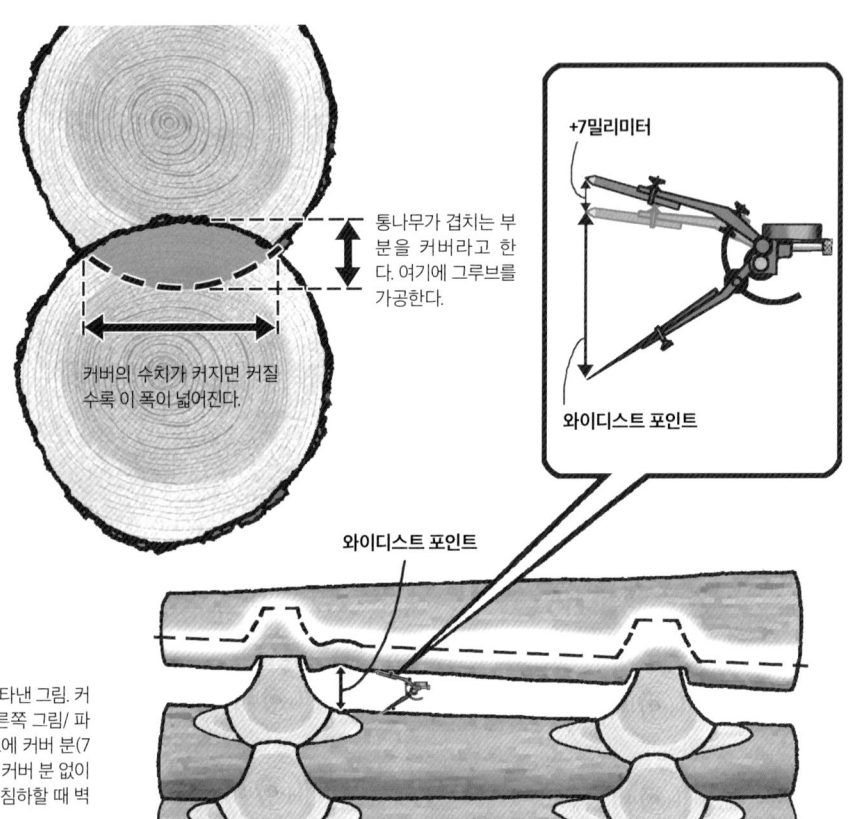

통나무가 겹치는 부분을 커버라고 한다. 여기에 그루브를 가공한다.

커버의 수치가 커지면 커질수록 이 폭이 넓어진다.

+7밀리미터

와이디스트 포인트

와이디스트 포인트

오른쪽 위 그림/ 커버와 그루브의 관계를 나타낸 그림. 커버 수치와 그루브 폭&깊이는 비례한다. 오른쪽 그림/ 파이널 스크라이빙에서는 와이디스트 포인트에 커버 분(7밀리미터)을 더한 값으로 스크라이빙 한다. 커버 분 없이 스크라이빙 하면 수년 후 세틀링으로 벽이 침하할 때 벽 사이사이에 빈틈이 생긴다.

사이즈가 다른 통나무를 쌓을 때는 오버 행에 주의한다

파이널 스크라이빙이나 파이널 커팅은 위아래 통나무들을 빈틈없이 결속하기 위한 작업. 이때 오른쪽 그림처럼 스카프의 하단 A가 하단 통나무의 상단 라인 B보다 높아진 상태를 오버 행이라고 한다. 이런 상태에서는 스크라이빙이나 커팅을 해도 상단 통나무의 C가 A에 걸려 B의 위치까지 내려오지 않는다. 이때 오버 행 하고 있는 스카프의 하단을 B의 위치까지 깎아 스카프를 수정한다. 이 작업은 파이널 스크라이빙 전에 해두는 것이 가장 좋다.

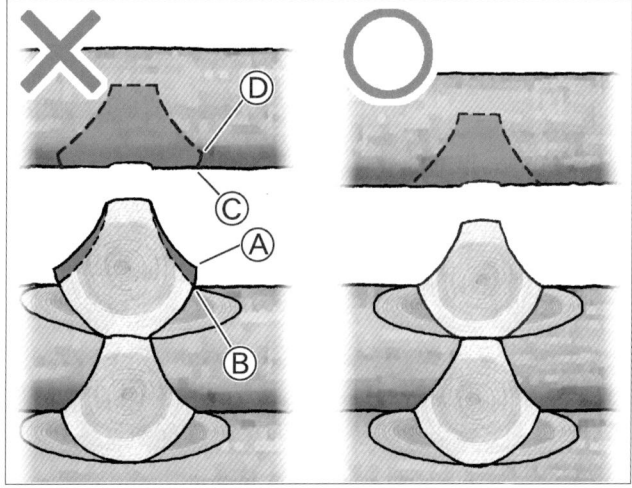

왼쪽 그림은 오버 행 상태이고, 오른쪽 그림은 정상 상태. 오버 행은 크기 차이가 큰 통나무를 번갈아 쌓을 때 일어나기 쉬운 현상이다. 이때 새들 노치만큼 결손 면적이 크지 않은 스퀘어 노치로 하면 결손 부분이 작아 목재의 강도를 유지할 수 있다.

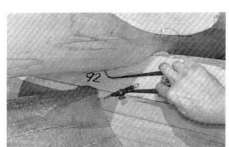

파이널 스크라이브 수치대로 스크라이버를 아래 위로 돌려서 수정 위치를 표시한다. 정상이라면 스카프 면에 연필 끝이 닿을 것이다.

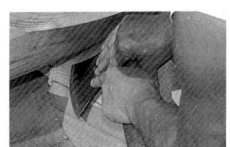

왼쪽에 표시한 위치까지 도끼나 끌을 사용해 스카프 하단을 잘라낸다. 그 면을 평평하게 다듬으면 스카프 수정은 완료.

Chapter 6

유지 관리 방법

유지 관리 완전 정복 매뉴얼

체인 톱을 오래 사용하기 위해서는 반드시 정비를 해야만 하지만 기본적으로 부품 점검이나 청소를 하는 것 정도의 간단한 일뿐이다. 이제 그 순서를 소개한다.

점검 시기에 대해서는 아래 표를 참고하면 되는데, 나무 부스러기를 털어내는 정도의 청소는 매일 하길 바란다. 그날 더럽힌 것은 그날 중으로 깨끗이 한다는 생각으로 작업 후에는 청소를 습관화한다.

매번 청소를 한다면 보다 빨리 고장이나 마모된 부품을 발견할 수 있고, 최소한의 수리만으로 해결할 수도 있다. 미처 문제점을 발견하지 못한 채 계속 사용하면 엔진 손상 등 걷잡을 수 없는 상황을 야기할 뿐 아니라 뜻밖의 부상의 원인이 될 수도 있다.

또한 매우 당연한 일이지만 모든 유지 관리 작업은 반드시 엔진을 끈 상태에서 하도록 한다.

점검 항목과 점검 시기

점검할 부분	점검 시기
스프로켓(사슬톱니) 주변	1~2주에 한 번
에어 필터	2주에 한 번
머플러 주변	2주에 한 번
클러치 드럼	2~3주에 한 번
가이드 바	2~3주에 한 번
가이드 바 끝부분 스프로켓	1개월에 한 번
휘발유 필터	1개월에 한 번
점화 플러그	2개월에 한 번

유지 관리에 필요한 도구

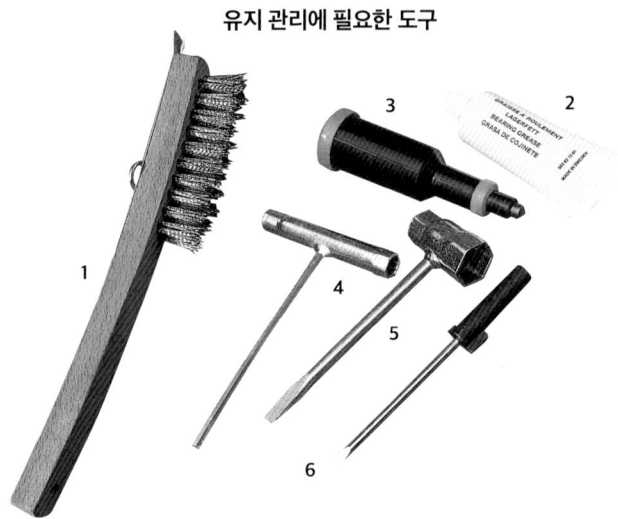

본체 점검과 유지 관리

에어 필터 청소

기화기 안에 먼지나 나무 부스러기 등이 들어가지 않도록 하기 위해서 설치한 것이 에어 필터라는 장치. 형태나 설치된 장소는 기종에 따라 다르다. 에어 필터가 더러워져 구멍이 막히면 신선한 공기가 흡입되지 못해 엔진 출력이 떨어지고 연비도 점점 나빠진다. 심한 경우에는 엔진 시동이 어려워질 수 있기 때문에 정기적으로 청소해야 한다. 에어 필터를 청소할 때 브러시로 마구 비비면 필터를 망가뜨리므로 조심해야 한다. 만약 에어 컴프레서가 있다면 왼쪽 가운데 사진처럼 공기를 불어넣으면 단번에 끝난다. 에어 컴프레서가 없는 경우에는 휘발유를 몇 방울 떨어뜨려 놓으면 휘발유와 함께 오염 물질이 떨어져나가 깨끗해진다. 에어 필터를 빼는 방법은 각 기종마다 다르므로 사용 설명서를 참고하도록 한다.

유지 관리를 할 때 흔히 사용되는 도구는 위의 6개. 거창한 도구는 필요 없고, 거의 대부분 체인 톱을 구입할 때 들어 있는 것들이다. **1** 오염을 털어내는 와이어 브러시 **2** 금속제의 회전 부분에 채워 넣는 윤활유(grease) **3** 윤활유를 채워 넣을 때 사용하는 글리즈 건(grease gun) **4·5** 나사나 너트를 조이는 플러그 렌치 **6** 나사를 조이는 드라이버

점화 플러그 점검과 청소

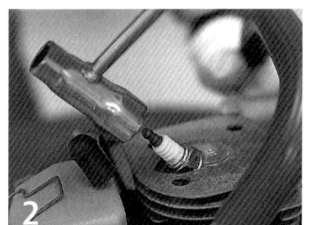

점화 플러그가 더러우면 엔진 시동이 불량해지기 때문에 브러시를 사용해 청소를 한다. 청소 시기는 25시간 사용을 기준으로 한다. **1** 실린더 커버를 벗기고, 점화 플러그의 고무 커버를 손으로 벗긴다. **2** 플러그 렌치를 사용해 너트를 푼다. **3** 플러그를 빼면 이런 상태이다. **4** 전체의 오염 물질과 전극 주변의 먼지를 브러시로 털어낸다. 너무 꽉 조여지지 않도록 플러그를 끼우면 OK.

스타터 로프의 점검과 교체

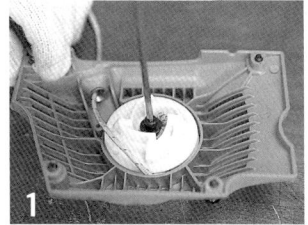  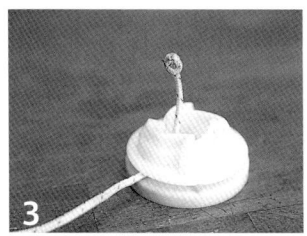 

스타터 로프는 소모품을 점검할 때 미리 미리 교체한다. 1 먼저 드라이버로 스타터를 해체해 안쪽에 붙어 있는 도르래를 꺼낸다. 로프를 30센티미터 정도 풀어 도르래 밖으로 나와 있는 로프 연결부에 로프를 건다. 도르래를 천천히 돌려 스프링 장력을 줄인 다음 렌치로 도르래를 해체한다. 2 해체된 상태. 도르래 내부의 태엽을 빼면 되감기 어려우므로 주의한다. 3 새로운 로프로 교환 4 도르래에 로프를 몇 번 감은 다음 렌치로 조이고 종료.

스프로켓 주변 청소

  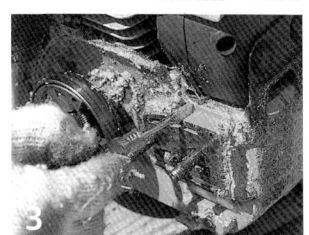 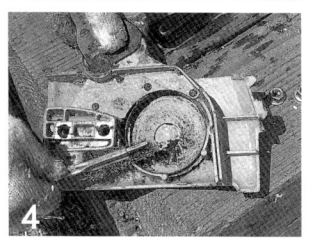

스프로켓 주변은 나무 부스러기가 끼기 쉽다. 특히 오일 토출구는 오염된 상태로 두면 체인이 과열되기 쉬우므로 주의해야 한다. 1 스프로켓 커버를 연다. 2 작업 후에는 이렇게 오염되어 있다. 작업하기 쉽도록 체인과 가이드 바를 빼놓는다. 3 본체의 금속 부분을 부드러운 천으로 깨끗하게 닦는다. 오일이나 나무 부스러기가 달라붙어 있다면 일자 드라이버 등으로 제거한다. 4 커버 쪽도 브러시로 청소. 브레이크(판 모양의 고리)와 커버 사이에 끼인 오염 물질은 일자 드라이버를 사용해 제거한다.

엔진 핀 청소

 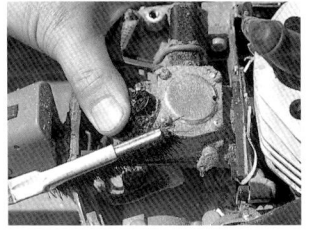

엔진의 핀은 엔진의 방열 및 냉각을 위한 것. 이 부분이 지저분한 상태로 작업하면 엔진 내부가 열로 가득 차게 된다. 청소는 와이어 브러시로 대충 오염 물질을 털어 낸 다음 핀과 핀 사이에 들러붙은 오염 물질을 드라이버로 떨어뜨리면 된다. 왼쪽 사진처럼 에어 필터를 빼고 청소할 경우 엔진 내부로 나무 부스러기 등이 들어가지 않도록 엄지손가락으로 막고 하도록 한다. 초크를 당겨 엔진 안으로 들어가는 길을 막은 상태로 하는 것도 효과적이다.

휘발유 필터 청소

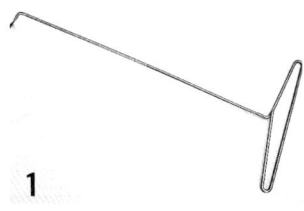 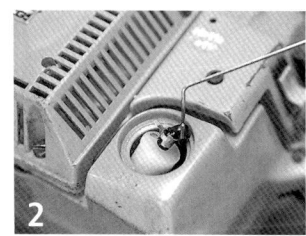 

한 달에 한 번은 휘발유 탱크와 체인 오일 탱크 내 필터를 점검한다. 1 필터는 탱크 내의 호스 끝에 붙어 있다. 이것은 필터를 탱크 밖으로 끌어내는 전용 도구. 철사로 직접 만들 수도 있다. 2 후크 끝에 필터를 걸어 탱크 밖으로 꺼낸다. 3 필터가 까맣게 오염되었다면 교환. 체인 오일 필터도 마찬가지다.

곳곳에 끼인 나무 부스러기 제거

하루 종일 체인 톱 작업을 하고 나면 체인 톱에서 토출된 체인 오일 때문에 엄청난 양의 나무 부스러기가 들러붙고, 곳곳이 나무 부스러기로 막히는 일도 있다. 이런 상태로 방치하면 심각한 문제로 발전될 수 있으므로 발견 즉시 브러시 등을 사용해서 청소한다.

나사 조이기

엔진으로 구동하는 체인 톱은 진동으로 인해 조금씩 나사가 느슨해진다. 만약 작업 중에 나사가 풀리는 일이 생기면 큰일이기 때문에 스타터 커버나 스프로켓 커버 등 각 부분의 나사를 정기적으로 체크하고 조인다. 특히 섬세한 진동이 계속 일어나는 머플러 부분은 느슨해지기 쉬우므로 꼼꼼히 체크해 조이는 것이 좋다.

가이드 바의 유지 관리

가이드 바의 종류

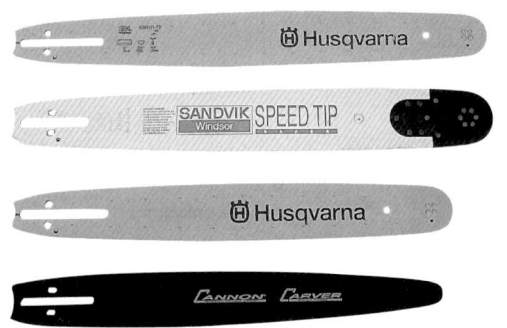

가이드 바의 종류는 다양하다. 가이드 바가 길고 두꺼운 경우 직진성이 좋고, 반으로 가르거나 긴 길이로 자를 때 편리하다. 가이드 바 끝부분이 가늘고, 한 장의 강판으로 만든 경우 좁은 반경에서 사용할 때 유용하며, 킥 백도 적어 카빙용으로 적당하다.

편마모를 방지하기 위해 정기적으로 뒤집기

체인 톱날이 그 주변을 고속으로 회전하는 가이드 바는 점차 깎여 변형되기 마련이다. 특히 가이드 바 위쪽은 마모가 빠르기 때문에 가이드 바의 대칭을 유지하기 위해서는 1, 2주에 한번 아래위를 뒤집어 달아야 할 필요가 있다. 이 작업은 스프로켓 주변 청소를 할 때 함께 하면 편리하다.

가이드 바 손상 포인트

가이드 바는 체인의 마찰로 마모될 뿐 아니라 충격으로 구부러지거나, 파손되기도 한다. 오른쪽 그림처럼 휘거나 금이 생기거나 골이 변형되어 있으면 잘 잘리지도 않고 수정도 할 수 없으므로 교환해야만 한다.

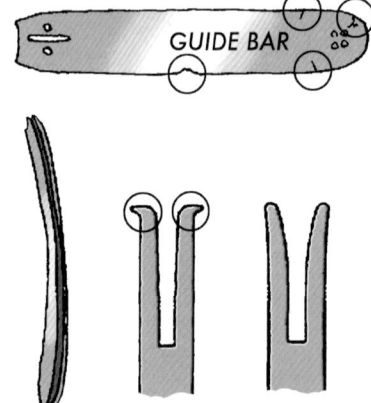

하드 노즈 바와 스프로켓 노즈 바

가이드 바의 구조는 크게 두 가지 타입이 있다. 한 장의 강판을 깎아서 만든 하드 노즈 바와 두 장의 강판 사이에 스프로켓이라는 톱니바퀴를 끼운 스프로켓 노즈 바이다. 요즘은 스프로켓 노즈 바가 일반적인데, 스프로켓 끝부분에 의한 가이드 바의 마모와 손상이 적다. 또한 스프로켓만 교환할 수 있는 타입의 가이드 바도 있다.

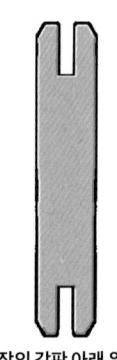

한 장의 강판 아래 위에 골을 판 타입 (하드 노즈 바)

두 장의 강판 사이에 스프로켓을 끼워넣은 타입 (스프로켓 노즈 바)

가이드 바 주변을 줄로 정리

가이드 바의 주변이 울퉁불퉁하게 일어난 것을 발견하면 줄로 가볍게 갈아낸다. 그대로 두면 체인의 수명을 줄이는 원인이 된다.

골의 청소

골에는 나무 부스러기와 오일이 섞인 찌꺼기가 끼기 쉬우므로 얇은 철판 등을 이용해 훑는다. 줄톱의 배면을 이용하면 사이즈가 꼭 맞는다.

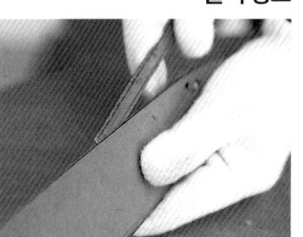

오일 토출구의 청소

오일 토출구의 찌꺼기도 드라이버 등으로 긁어낸다. 찌꺼기를 제거하지 않고 그대로 두면 오일이 제대로 토출되지 않아 체인과 가이드 바의 수명을 줄인다.

가이드 바 끝부분 스프로켓의 점검과 주유

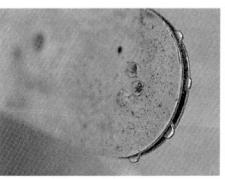 

마모되기 쉬운 가이드 바 끝부분의 체인이 움직이는 것을 돕는 가이드 바 스프로켓은 구부러짐이나 손상이 없는지 점검한다. 내부에 베어링이 들어 있으므로 윤활유 주유구에 윤활유를 주입해 부드럽게 회전할 수 있도록 해둔다.

올바른 날 세우기 방법을 알아둔다

날 세우기는 줄을 이용해 체인 톱날을 버리는 작업으로, 체인 톱의 날을 예리한 상태로 만들어 안전하게 오랫동안 사용하기 위한 매우 중요한 유지 관리이다.

날 세우기가 잘 된 체인 톱은 적은 힘으로도 쉽게 나무를 자를 수 있고, 절단면도 깔끔하게 마무리할 수 있다. 반대로 날 세우기가 제대로 되지 않은 무딘 날의 체인 톱을 사용하면 목재를 자를 때 더 많은

힘이 필요하다. 그런 상태로 작업을 하면 작업 시간이 오래 걸리는 것은 물론이고, 체인 톱 작업의 실력도 늘지 않는다.

이제부터 올바른 날 세우기 방법을 알아보자. 작업에는 약간의 요령이 필요하지만 체인 톱을 사용한다면 피할 수 없는 일. 올바른 도구를 올바른 방법으로 사용해 자신의 체인 톱날을 예리하게 잘 드는 최고 상태로 만들어보자.

무엇보다 중요한 것은 날 세우기

날 세우기는 체인 톱날의 성능을 크게 좌우하는 중요한 유지 관리. 그런 만큼 전문가라면 누구나 이 작업을 중요하게 여기고 있다. 초보자는 얼마나 자주 날 세우기를 해야 하는지 알기 어렵지만 휴식 시간마다 날 세우기를 한다는 정도로 생각하면 가장 좋다.

부스러기로 알 수 있는 톱날 상태

절단할 때 나오는 나무 부스러기도 톱날의 상태를 파악할 수 있는 기준이 된다. 사진처럼 길쭉한 나무 부스러기가 나온다면 OK. 만약 날 세우기가 제대로 되어 있지 않다면 나무 부스러기는 가루가 된다.

날 세우기에 사용하는 도구

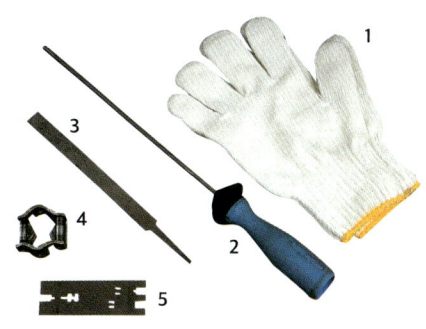

날 세우기에 필요 도구는 위와 같다. 1 목장갑 2 체인에 맞는 사이즈의 줄 3 평 줄 4 올바른 날 세우기 각도를 쉽게 알 수 있는 파일 게이지 5 뎁스 게이지의 높이를 알맞게 조절하는 뎁스 게이지 조정 게이지

톱날 각부 명칭

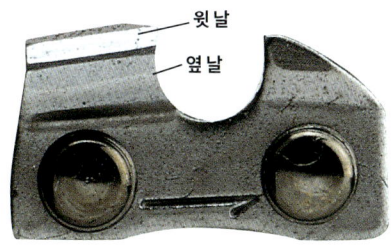

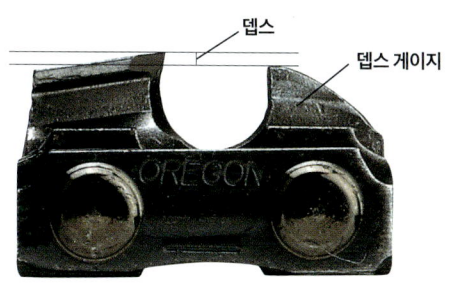

체인 톱날에는 윗 날과 옆 날이 있다. 날 세우기는 윗 날과 옆 날을 적절한 각도로 갈아 뎁스 게이지의 높이를 조절하는 것이다. 칼날이 빠지는 않았는지, 드라이브 링크가 마모되거나 구부러지지 않았는지, 리벳이 손상되지 않았는지 등을 체크하는 것도 중요하다.

사이즈가 다른 줄 사용 금지!

날 세우기에는 막대 모양의 전용 줄을 사용하지만 가장 중요한 것은 이 줄의 사이즈(굵기). 줄의 사이즈가 틀리다면 톱날을 제대로 갈 수가 없으므로 주의해야 한다. 아래 표를 참고해서 자신이 가지고 있는 체인 톱날에 맞는 줄의 사이즈를 알아두자. 오리건 사 이외의 제품인 경우에도 최적인 줄의 사이즈가 표시되어 있으므로 체인 톱 사용 설명서나 패키지를 잘 살펴보도록 한다.

적용 체인 (오리건의 경우)	직경
25AP 25F 91VS/VG/VJ/F/R	4.0밀리미터
90SG 33·34·35LG	4.5밀리미터
20·21·22BP/LP 95VP 72·73·75DG	4.8밀리미터
26 26P 72·73·75D/DP/LG/LP	5.5밀리미터

올바른 사이즈의 줄을 고른 다음에는 줄을 톱날에 맞춘다. 줄로 갈 때는 반드시 줄의 지름 중 위로부터 1/10이 윗날 위로 나오도록 톱날에 밀착시켜 움직이도록 한다. 왜냐하면 그렇게 했다는 전제로 최적의 각도에서 톱날이 연마되도록 줄의 사이즈가 정해져 있기 때문이다. 그 이상도 이하도 안 된다.

날 세우기 세팅

날 세우기를 할 때는 가이드 바와 체인이 덜컹덜컹 움직이면 안 된다. 날 세우기 전용 클램프(clamp)를 사용하고, 체인과 가이드 바 사이에 드라이버 등을 꽂아 넣으면 안정적으로 날 세우기를 할 수 있다.

날 세우기 작업 순서

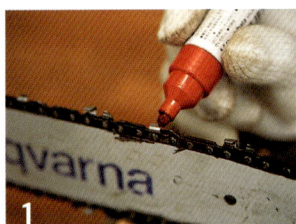
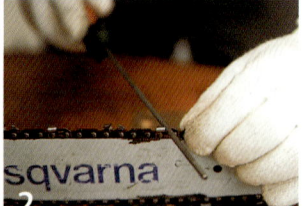

날 세우기를 할 때는 모든 톱날에 대해 같은 횟수로 가는 것이 기본이다. 1 우선 한 바퀴 돈 것을 알 수 있도록 날 세우기를 시작한 톱날에 매직펜으로 표시를 한다. 2 같은 방향의 톱날을 한 쪽 방향으로 한 바퀴. 3 반대 방향의 커터를 반대 방향으로 한 바퀴. 4 체인에 맞는 뎁스 게이지 조정 게이지를 위에서 씌워 구멍으로 돌출된 부분을 평 줄로 간다.

줄 사용법

줄은 톱날의 안쪽에서 바깥쪽으로 누르듯이 민다. 줄을 밀 때 손이 톱날에 닿지 않도록 주의한다. 반대 방향에서 밀거나 왕복하는 것은 절대 금물. 줄을 밀 때 힘은 횡으로 8, 아래로 2의 비율로 준다.

날 세우기 작업의 중요 포인트

1 윗 날 연마 각도

윗 날에 대해 줄을 미는 각도로 톱 플레이트 앵글(top plate angle)이라고 한다. 체인 톱날의 종류에 따라 25~30도가 적정한 각도로, 체인의 모든 톱날에 같은 각도를 적용하는 것이 중요하다.

2 옆 날 연마 각도

옆 날이 시작되는 각도가 옆 날 연마 각도(side plate angle)이다. 이 각이 너무 급하면 잘 걸리고, 반대로 너무 완만하면 잘 잘리지 않는다.

3 줄의 각도

줄의 각도는 커팅 코너의 각도에 따라 달라진다. 코너 각이 직각인 치즐형은 가이드 바에 대해 90도로, 코너 각이 둥근 마이크로 치즐형은 줄을 쥔 손목을 10도 내린다.

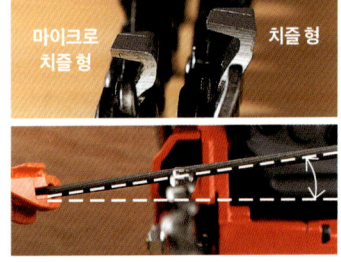

4 뎁스

뎁스 게이지와 윗 날 상단의 높이 차. 이것이 나무를 파고드는 깊이를 조절하고 있으므로 평 줄로 깎아 조절한다. 눈으로는 알 수 없으므로 반드시 전용 조절 게이지를 사용한다.

대표적인 체인 톱날의 연마 각도

체인 톱날 명칭	형태	윗 날 연마 각도	옆 날 연마 각도	줄의 각도
치즐 형 커팅 코너가 모가 난 타입. 톱날이 날카로운 전문가용 체인 톱에 주로 사용된다.	ㄱ	25°	60°	90°
세미 치즐 형 커팅 코너가 약간 둥그스름한 타입. 예리하게 드는 데다가 그 예리함이 오래 유지된다.	ㄱ	30°	85°	
마이크로 치즐 형 커팅 코너가 둥근 타입. 비교적 연마하는 빈도나 횟수가 적어 유지 관리가 편한 것이 특징이다.	ㄱ			10°

날 세우기 각도는 체인 톱날의 타입에 따라 다르므로 주의한다. 정확한 것은 소지하고 있는 체인 톱 사용 설명서를 봐야 알 수 있지만 체인 톱날의 유형과 날 세우기 각도는 위의 표와 같다.

나쁜 예

백 슬로프형

옆 날 연마 각이 너무 큰 상태. 이런 상태로는 톱날이 미끄러져 목재를 물기 어려워서 작업 효율이 크게 떨어진다. 줄 사이즈가 너무 크거나 줄을 거는 위치가 너무 높은 것이 원인이다.

후크형

톱날이 너무 다물어져 있어 킥백의 위험성이 높아진다. 또한 체인 톱에 부담이 커져 고장의 원인이 된다. 줄을 너무 아래로 눌렀거나 손목을 너무 위로 올린 것이 원인이다.

날의 높이가 제각각

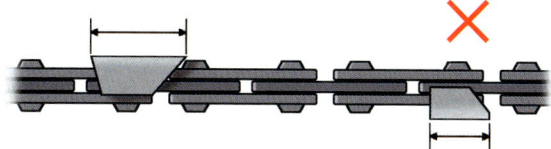

날의 각도가 제각각

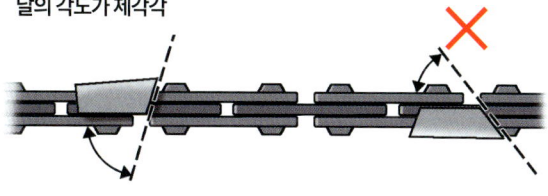

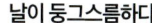

날이 둥그스름하다

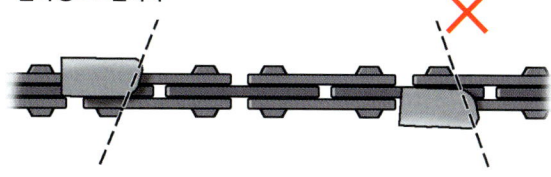

줄을 올바르게 쥐는 법

줄을 미는 손이 휘청거리면 올바르게 날을 세우기 어렵다. 왼쪽 위 사진처럼 줄과 팔이 일직선이 되도록 잡는다. 또 위의 사진처럼 줄의 끝부분을 다른 한 손이 지지해주는 것도 효과적이다. 왼쪽 아래 사진처럼 줄을 잡아서는 안 된다. 이렇게 잡으면 줄을 쭉 밀어내기 어려워 올바르게 날을 세우기 어려워진다.

체인 톱날의 손상을 발견한 즉시 교환

체인 톱날에 균열과 큰 조각 등 파손이 있을 경우 즉시 교환한다. 체인 톱 사고는 중대한 사고로 이어질 가능성이 높으므로 사용하기 전 점검도 중요하다. 또 손상이 있는 체인 톱날을 계속 사용하면 체인 톱 본체에도 악영향을 미치게 된다.

도구를 사용하면 더욱 간단

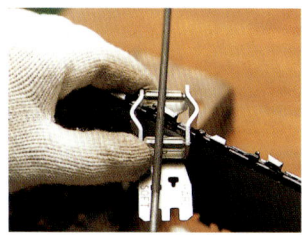

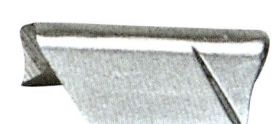

초보자는 줄의 각도를 일정하게 유지하는 것이 쉽지 않을 것이다. 줄의 각도를 정확하고 일정하게 유지할 수 있도록 해주는 기구들이 판매되고 있으므로 이를 이용하는 것도 좋다.

↖↙ 줄이 바른 각도를 유지하도록 해주는 파일 게이지.

↑ 체인 커터 부분에 올바른 연마 각도와 평행하게 가이드 라인이 들어간 체인. 이 선과 줄이 평행을 유지하는 것이 좋다.

손가락의 부상을 막기 위해서 장갑을 착용한다

체인에는 날카로운 톱날이 붙어 있다. 날 세우기 할 때는 반드시 장갑을 착용하도록 한다. 이는 부상을 방지하기 때문만은 아니다. 장갑을 낀 손으로 체인을 꽉 잡아 고정시키면 보다 정확한 날 세우기가 가능하다.

평소 자주 점검한다

Q 엔진을 켰는데도 체인 톱이 시동되지 않는다.

A 조작 전에 켜야 할 중요한 스위치를 켜는 것을 잊어버리는 경우가 많다. 우선 스위치가 켜져 있는지 확인한다. 스위치를 켰는데도 체인 톱이 작동하지 않는다면 엔진 내에 연료가 공급되지 않는 것이 원인이다. 즉 날씨가 추울 때 자동차 엔진이 시동되기 어려운 것과 같은 이치이다. 이 경우에는 초크를 당겨 시동을 걸어 본다. 또한 연료 탱크 내의 연료 흡입 필터가 오염 물질로 막혀 있을 수도 있다. 이를 점검하고 필터가 막혀 있으면 새 것으로 교환한다. 점화 플러그의 전극이 원인일 수도 있으므로 이 또한 점검한다. 만약 부식되어 있으면 새로운 점화 플러그로 교환하고 다시 해본다.

핵심 원인 BEST 4

1 스위치를 켜지 않았다.
: 초보적인 실수. 고장을 의심하기 전에 스위치를 살펴본다.

2 플러그에 이상이 있다.
: 소모되기 쉬운 부품 중의 하나. 조금 자주 점검한다.

3 필터 막힘
: 놓치기 쉬운 검사 항목. 월 1회는 점검

4 기화기의 소모·조절 오류
: 조정이 어려우므로 전문 수리 센터에 수리를 맡긴다.

Q 체인이 금세 마모되어 버린다.

A 가이드 바나 체인은 쓰는 만큼 마모되는 소모품이다. 그러나 마모가 너무 심하면 체인과 가이드 바의 크기가 맞지 않게 되거나 체인 장력 상태가 적절하지 않을 수 있다. 체인 오일이 부족해도 빨리 마모되므로 주의해야 한다.

체인 장력이 너무 강해도, 느슨해도 문제
가이드 바 아래쪽으로 늘어짐이 없고, 손으로 자유롭게 돌릴 수 있는 정도가 최상이다. 가볍게 잡으면 이런 느낌이다.

Q 갑자기 까만 배기 가스가 나올 때는?

A 대부분 혼합 연료의 비율이 잘못된 것이 원인이다. 체인 톱의 혼합 연료 비율은 기종에 따라 다르다. 비율이 잘못된 혼합 연료를 넣고 계속 사용하면 엔진 온도가 상승하고, 피스톤이나 엔진 자체의 손상으로 이어진다.

연료 혼합 비율을 잘못 알고 있지 않은가?
휘발유와 오일의 혼합 비율은 체인 톱 기종마다 다르므로 주의를 요한다. 주입 전에는 반드시 잘 섞는다.

Q 무슨 이유에서인지 공회전이 계속 되지 않는다.

A 공회전 시 엔진이 꺼져버리는 것은 공회전의 회전수가 너무 낮기 때문일 수 있다. 공회전의 회전수를 조절했던 T스크루로 공기의 흡입이 약간 많아지도록 조절(엔진을 시동한 상태에서 시계 방향으로 조금씩 돌린다)한다. 그래도 안 된다면 L스크루나 H스크루를 조정한다. 그러나 이 조정은 아무 미세하게 해야 한다. 마구 움직이면 오히려 더 큰 문제를 일으킬 수 있으므로 전문 수리 센터에 맡기는 편이 안전하다.

혼합 비율의 조정을 해본다
T스크루에 의한 아이들링 조정은 시동이 걸린 상태에서 실시한다. 가이드 바나 체인과의 접촉에 주의한다.

Q 한동안 사용하지 않을 때는?

A 1개월 이상 쓰지 않을 때는 연료 탱크를 비울 것. 우선 엔진을 시동하고, 탱크 안뿐만 아니라 기화기 안에도 연료가 남아 있지 않도록 아이들링 상태에서 자연스럽게 엔진이 멈출 때까지 기다린다. 이때 주의 사항은 빨리 끝내기 위해서 회전수를 올리지 않는 것이다. 완전히 연료가 떨어져 멈출 때까지 엔진을 가동한다. 연료를 다 비우고 나면 통풍이 잘 되고 습기가 없는 장소에 보관한다.

Chapter 7

체인 톱 카탈로그

체인 톱 선택법

이번 장에서는 체인 톱을 선택할 때 중요한 포인트와 그에 따른 팁을 소개한다. 큰마음 먹고 체인 톱을 구입을 하려고 한다면 자신에게 맞는 모델을 선택하는 것이 가장 중요하다. 체인 톱 구입을 고려할 때 이번 장의 내용을 참고하면 후회 없는 선택을 할 수 있다.

체인 톱의 종류는 일단 배기량으로 구분한다. 배기량이 클수록 파워가 세며, 길이가 긴 가이드 바를 장착할 수 있다. 체인 톱 사용에 익숙한 사람이라면 배기량 40~45시시 정도 모델을 사용하는 경우가 많지만, 초보자의 경우 파워가 너무 세면 오히려 다루기 어려울 수 있다. 초보자라면 38시시 정도의 모델을 선택하면 파워도 어느 정도 나오고 상황 변화에 따른 대응도 쉬워 사용하기 적합하다. 그 정도로도 수직으로 자르거나 장작 만들기, 간단한 DIY뿐만 아니라 통나무집 짓기까지도 가능하다.

본인에게 맞는 체인 톱을 선택하라!

체인 톱을 선택할 때는, 자신의 체격과 체력 등을 고려하여 선택하도록 하자. 자신에게 적합한 체인 톱을 사용하면 작업이 한결 수월해진다.

어디에서 구입하는 것이 가장 좋은가?

현재 체인 톱을 구입할 수 있는 곳은 체인 톱 공식 판매 대리점이나 공구점 그리고 인터넷몰 등이 있다. 물론 가장 신뢰할 수 있는 방법은 애프터서비스가 가능한 공식 판매 대리점에서 구입하는 것이다. 최근 시중에는 가격이 저렴한 입문용 모델도 많이 판매되고 있지만 입문용 모델의 경우 대부분 성능이 떨어져 만족도가 낮을 수 있으므로 신중하게 구입하는 것이 좋다.

전문가용 모델은 사용하기 어려울까?

카탈로그에서도 전문가용이라는 단어가 많이 나오겠지만 전문가용이라고 해서 전문가만 제대로 사용할 수 있다는 의미는 결코 아니다. 오히려 내구성이 좋고, 기능적으로도 뛰어나기 때문에 초보자가 사용하기에 더 편리할 수도 있다.

용도에 맞는 기종을 선택하자

벌목

베려고 하는 나무의 두께에 따라 차이가 있으나 일반적으로 40시시급 정도를 사용하는 것이 좋다. 가지치기 등에는 소형 탑 핸들 타입도 적당하다.

통나무집 짓기

통나무집을 지을 때에는 배기량 40시시에서 50시시급 한 대면 적당하다. 여유가 있다면, 정교한 작업을 할 때 사용할 수 있는 30시시 초반급 한 대를 더 마련하면 여러모로 유용할 것이다.

장작 만들기

장작의 두께에 따라 차이가 있을 수 있겠지만, 배기량이 적은 소형 체인 톱으로도 장작은 충분히 만들 수 있다. 연료를 주입하는 것이 귀찮다면 전기 체인 톱을 사용하는 방법도 있다.

체인 톱 아트

정교한 작업을 해야 하는 체인 톱 아트의 경우, 30시시급 정도의 경량 타입이 적당하다. 가이드 바의 끝부분이 뾰족한 카빙 바도 유용하다.

체인 톱 선택을 위한 9가지 포인트

1 배기량

자동차, 오토바이와 마찬가지로 배기량은 체인 톱의 파워를 결정하는 기준이 된다. 배기량 38시급급 정도의 체인 톱 한 대를 가지고 있다면 여러 가지 용도로 사용하기에 충분하겠지만 이보다 작아지면 결국 파워가 부족해 작업이 불가능한 상황이 발생할 수 있다.

2 중량

기종에 따라 무게가 다르므로 사용자의 기호에 따라 선택하면 된다. 장시간 체인 톱 작업을 할 경우에는 결국 체력이 문제가 된다. 체인 톱의 무게가 무거울수록 작업자가 느끼는 피로감이 큰 반면 그 무게로 인해 작업 시 안정감은 높아진다. 반면 체인 톱의 무게가 가벼우면 체력적인 부담은 적을 수 있지만 작업 시 안정감은 낮을 것이다. 그러므로 자신의 체력을 고려해 알맞은 중량의 체인 톱을 선택하는 것이 중요하다.

3 가격

대부분의 체인 톱은 100~200만원 정도에 구입이 가능하다. 기본적으로 배기량이 클수록 가격도 비싸다. 배기량 30시급 이하의 체인 톱의 경우는 40~50만원 정도면 구입할 수 있다. 체인 톱을 구입할 때는 단순히 가격만 생각할 것이 아니라 가격과 성능을 잘 고려한 선택을 해야 할 것이다.

4 체인 핀치

체인 핀치는 체인의 사이즈를 말하는 것으로, 체인 리벳(rivet) 세 개 사이 길이의 1/2로 표시한다. 기본적으로 핀치가 큰 것이 큰 나무 벌목에, 핀치가 작은 것이 정교한 작업에 사용된다. 체인 핀치가 체인 톱 본체와 가이드 바에 맞지 않으면 사용할 수 없다.

5 가이드 바의 길이와 형태

가이드 바의 길이가 길수록, 자를 수 있는 폭이 넓어진다. 두꺼운 나무를 자를 때에는 나무의 지름에 따라 길이가 긴 가이드 바를 세팅해야 한다. 물론 이 경우에는 체인 톱 본체의 파워가 충분히 뒷받침해주어야 한다. 가이드 바의 형태도 여러 가지가 있는데 가이드 바의 끝부분으로 정교한 작업을 할 수 있는 카빙 바가 처음부터 세팅되어 있는 기종도 있다.

6 탱크 용량

탱크 용량이라는 것은 말 그대로 연료와 체인 오일을 넣는 탱크의 용량을 말한다. 탱크 용량이 큰 기종의 경우 자주 급유를 하지 않아도 되기 때문에 번거로움을 줄일 수는 있지만 연료와 오일이 많이 들어간 만큼 체인 톱의 중량이 상당히 무거워진다. 따라서 탱크 용량이 크다고 해서 무조건 좋은 것은 아니다. 체인 톱의 중량과 배기량의 균형을 고려해 탱크 용량이 적당한 기종을 선택해야 한다.

7 각 기종별 기능

체인 톱은 비교적 단순한 기계이지만 용도에 따라 필요한 기능이 다르므로 용도에 맞는 선택을 하는 것이 중요하다. 대표적인 기능으로는 혹한기에 작업할 때를 대비해 핸들 부분을 따뜻하게 데워주는 히팅 핸들이나 엔진이 부드럽게 시동할 수 있도록 해주는 감압기와 프라이밍 펌프 등이 있다.

8 디자인

체인 톱은 구조가 거의 비슷하기 때문에 디자인 면에서는 큰 차이가 없지만 제조사에 따라 색상이나 로고가 다르고 구조 면에서 약간의 차이가 난다. 기능뿐만이 아니라 디자인도 개인적 취향에 맞는 것을 선택하고자 한다면 자동차나 오토바이를 구입할 때와 마찬가지로 여러 가지 모델을 비교해보고 마음에 드는 것을 신중하게 선택하는 것이 좋다.

9 수리센터 등 취급점의 접근성

체인 톱을 주로 사용하게 될 곳에서 가까운 곳에 체인 톱을 수리해줄 수 있는 공구 수리 센터나 필요한 부품을 구입할 수 있는 공구점이 있으면 큰 도움이 된다. 특히 사용하던 체인 톱이 고장이 났을 때, 직접 수리하는 것이 불가능하다면 수리 센터를 찾아야 할 것이기 때문이다. 주변에 공구 수리 센터나 공구점이 있다고 해도 본인이 가지고 있는 체인 톱 브랜드를 취급하지 않는다면 도움을 받을 수 없다. 체인 톱 구입 전에 취급점의 위치를 반드시 체크해 보는 것이 좋다.

전문가들이 신뢰하는 세계적인 인기 브랜드, 허스크바나

Husqvarna®

허스크바나
1689년 스웨덴에서 창립. 300년 이상의 역사를 지닌 아웃도어 기기 브랜드로서 체인 톱 브랜드 중 세계 최대의 시장점유율을 자랑한다. 파워, 안정성, 편리성이 뛰어나 통나무집 짓기 초보자들 사이에서 압도적인 지지를 받고 있다.

눈에 띄는 기술

공기 청정 시스템(air injection)
회전하는 플라이 휠의 원심력을 이용해 작업 중 발생하는 먼지나 톱밥으로부터 엔진을 보호하는 역할을 한다.

X-토크(torque) 엔진
모든 회전 영역에 토크를 증가시키고 최대 구동력을 발휘하는 친환경 엔진을 채용, 배기 가스 감소와 저연비를 실현했다.

프라이밍 펌프
연료를 기화기에 강제적으로 보내주는 기능을 한다. 장시간 사용하지 않았을 경우나 연료 주입 직후에도 엔진 시동이 잘 걸리도록 해준다.

측면 체인 장력 조절 장치
체인 장력을 조절할 수 있는 나사를 본체의 측면에 배치하여 체인 장력 조절이 편리하다.

자동 튜닝(auto tune)
작업 현장의 기압, 온도, 습도에 맞춰 기화기를 자동 조절함으로써 엔진을 언제나 최적의 상태로 유지해준다.

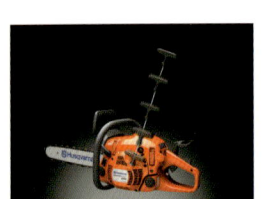

스마트 스타트
최소한의 힘으로도 바로 엔진 시동이 걸릴 수 있도록 엔진과 스타터를 설계했다. 스타터 코드의 저항을 줄여준다.

보조 스프링식 스마트 스타트
스타터 장치에 보조 스프링을 탑재해 스타터를 잡아당기는 데에 힘이 덜 들도록 해준다. 초보자도 쉽게 엔진 시동을 걸 수 있다.

알루미늄 전방 손잡이
경량, 내구성, 진동 방지의 세 가지 장점을 동시에 실현하기 위해 전방 손잡이의 소재를 알루미늄으로 채택했다.

스냅(snap) 방식 잠금 커버
스냅 잠금 방식 에어 필터 커버를 사용해 나사나 손잡이를 돌릴 필요 없이 일자 드라이버 등을 사용해 쉽고 빠르게 열고 닫을 수 있도록 했다.

관성 자동 체인 브레이크
킥 백 현상에 의해 가이드 바가 솟구쳐 오르면 그 반동으로 발생하는 관성으로 체인 브레이크가 자동으로 작동해 안전성을 높였다.

LowVib 시스템
엔진 부분과 손잡이 부분을 스틸 스프링으로 분리해 방진 효과가 현격히 상승했다. 장시간 작업도 한결 수월하다.

특제 크랭크축
ISO9001(품질관리보증기준)과 ISO14001(환경관리보증기준)을 취득한 허스크바나 공장에서 직접 제조한 크랭크축을 사용했다. 내구성이 뛰어나다.

인체 공학적으로 디자인 한 손잡이
최첨단 인체 공학에 기초한 디자인의 손잡이를 채택해 사용자의 피로를 최소화했다.

진동 억제 기화기
기화기와 실린더를 연결하는 부품에 고무 소재를 사용. 기화기의 진동을 억제해 혼합 기체 공급의 안정성을 높인다.

회전 관성력 절감 설계
본체가 슬림하고 가벼운 데다가 무게 중심이 좋아 회전 관성력을 줄였다. 따라서 다루기 쉽고 조작성에 뛰어나다.

유량 조절식 오일 펌프
가이드 바의 길이와 오일의 점도에 따라 체인 오일의 배출량을 최적화하는 조절 기능을 탑재했다. 체인의 상태를 최상으로 유지할 수 있도록 한다.

초크 연동식 스톱 스위치
초크 손잡이를 잡아당기면 자동으로 스톱 스위치가 스타트 포지션으로 바뀐다. 엔진 시동을 걸 때의 수고를 줄일 수 있다.

395XPG

배기량	94.0cc
중량	8.1kg
최고 회전수	12,500rpm
체인 피치	3/8inch
소음 레벨	101.0dB (A)
연료 탱크 용량	0.9ℓ
오일 탱크 용량	0.5ℓ
표준 가이드 바 사이즈	70cm(28inch)
전체 길이	490mm
폭	225mm
높이	310mm
정가	3,300,000원(313,950엔)

배기량 94시시의 대형 모델로 진동이 적기 때문에 장시간 작업에서 오는 피로를 최소화했다. 큰 나무 벌목 작업에 적합하다.

공기 청정 시스템	X-토크 엔진	프라이밍 펌프	측면 체인 장력 조절 장치	자동 튜닝	스마트 스타트	보조 스프링식 스마트 스타트	알루미늄 전방 손잡이	스냅식 잠금 커버
관성 자동 체인 브레이크	LowVib 시스템	특제 크랭크축	인체 공학적 손잡이	진동 억제 기화기	회전 관성력 절감 설계	유량 조절식 오일 펌프	초크 연동식 스톱 스위치	

*제조사 가격 정책이나 환율의 변동에 따라 표시된 가격이 달라질 수 있습니다.

576XP

배기량	73.5cc
중량	6.6kg
최고 회전수	13,300rpm
체인 피치	3/8inch
소음 레벨	99.1dB(A)
연료 탱크 용량	0.7ℓ
오일 탱크 용량	0.4ℓ
표준 가이드 바 사이즈	50cm(20inch)
총 길이	460㎜
폭	240㎜
높이	305㎜
정가	3,000,000원(283,500엔)

인체 공학적 설계로 고출력, 급속 가속 성능 등 뛰어난 조작성을 가진 탑 프로 모델. 핸들 히팅 기능이 있다.

공기 청정 시스템	X-토크 엔진	프라이밍 펌프	측면 체인 장력 조절 장치	자동 튜닝	스마트 스타트	보조 스프링식 스마트 스타트	알루미늄 전방 손잡이	스냅식 잠금 커버
관성 자동 체인 브레이크	LowVib 시스템	특제 크랭크축	인체 공학적 손잡이	진동 억제 기화기	회전 관성력 절감 설계	유량 조절식 오일 펌프	초크 연동식 스톱 스위치	

365Special

배기량	65.1cc
중량	6.0kg
최고 회전수	12,500rpm
체인 피치	3/8inch
소음 레벨	100.5dB(A)
연료 탱크 용량	0.77ℓ
오일 탱크 용량	0.4ℓ
표준 가이드 바 사이즈	50cm(20inch)
총 길이	430㎜
폭	240㎜
높이	300㎜
정가	2,200,000원(218,400엔)

열악한 환경에서의 작업도 가능하도록 한 디자인으로 내구성이 뛰어난 엔진을 탑재했다. 유지 보수도 용이하다.

공기 청정 시스템	X-토크 엔진	프라이밍 펌프	측면 체인 장력 조절 장치	자동 튜닝	스마트 스타트	보조 스프링식 스마트 스타트	알루미늄 전방 손잡이	스냅식 잠금 커버
관성 자동 체인 브레이크	LowVib 시스템	특제 크랭크축	인체 공학적 손잡이	진동 억제 기화기	회전 관성력 절감 설계	유량 조절식 오일 펌프	초크 연동식 스톱 스위치	

560XP

배기량	59.8cc
중량	5.6kg
최고 회전수	14,100rpm
체인 피치	0.325inch
소음 레벨	97.5dB(A)
연료 탱크 용량	0.65ℓ
오일 탱크 용량	0.33ℓ
표준 가이드 바 사이즈	45cm(18inch)
총 길이	460㎜
폭	220㎜
높이	280㎜
정가	2,400,000원(229,950엔)

참신한 디자인의 전문가용 모델. X-토크 엔진을 탑재해 기존 모델 대비 배기 가스를 75퍼센트 감소시켰으며 연비를 향상시켰다. 핸들 히팅 기능이 있다.

공기 청정 시스템	X-토크 엔진	프라이밍 펌프	측면 체인 장력 조절 장치	자동 튜닝	스마트 스타트	보조 스프링식 스마트 스타트	알루미늄 전방 손잡이	스냅식 잠금 커버
관성 자동 체인 브레이크	LowVib 시스템	특제 크랭크축	인체 공학적 손잡이	진동 억제 기화기	회전 관성력 절감 설계	유량 조절식 오일 펌프	초크 연동식 스톱 스위치	

550XP

배기량	50.1cc
중량	4.9kg
최고 회전수	14,000rpm
체인 피치	0.325inch
소음 레벨	98.4dB(A)
연료 탱크 용량	0.52ℓ
오일 탱크 용량	0.27ℓ
표준 가이드 바 사이즈	45cm(18inch)
총 길이	440mm
폭	220mm
높이	270mm
정가	1,970,000원(189,000엔)

최첨단 기술에 의한 저연비 엔진을 사용해 파워와 조작성의 균형이 뛰어난 중형 체인 톱. 핸들 히팅 기능이 있다.

공기 청정 시스템	X-토크 엔진	프라이밍 펌프	측면 체인 장력 조절 장치	자동 튜닝	스마트 스타트	보조 스프링식 스마트 스타트	알루미늄 전방 손잡이	스냅식 잠금 커버
관성 자동 체인 브레이크	LowVib 시스템	특제 크랭크축	인체 공학적 손잡이	진동 억제 기화기	회전 관성력 절감 설계	유량 조절식 오일 펌프	초크 연동식 스톱 스위치	

543XP

배기량	43.1cc
중량	4.5kg
최고 회전수	14,500rpm
체인 피치	0.325inch
소음 레벨	96.8dB(A)
연료 탱크 용량	0.42ℓ
오일 탱크 용량	0.27ℓ
표준 가이드 바 사이즈	45cm(18inch)
총 길이	390mm
폭	235mm
높이	275mm
정가	1,520,000원(145,635엔)

전문가나 숙련된 체인 톱 작업자들에게 적당하다. 43.1시시 엔진을 탑재한 4.5킬로그램급 경량 모델이다. 핸들 히팅 기능이 있다.

공기 청정 시스템	X-토크 엔진	프라이밍 펌프	측면 체인 장력 조절 장치	자동 튜닝	스마트 스타트	보조 스프링식 스마트 스타트	알루미늄 전방 손잡이	스냅식 잠금 커버
관성 자동 체인 브레이크	LowVib 시스템	특제 크랭크축	인체 공학적 손잡이	진동 억제 기화기	회전 관성력 절감 설계	유량 조절식 오일 펌프	초크 연동식 스톱 스위치	

445e

배기량	45.7cc
중량	5.1kg
최고 회전수	13,000rpm
체인 피치	0.325inch
소음 레벨	99.2dB(A)
연료 탱크 용량	0.45ℓ
오일 탱크 용량	0.26ℓ
표준 가이드 바 사이즈	45cm(18inch)
총 길이	400mm
폭	230mm
높이	290mm
정가	오픈 가격

충분한 파워를 제공하면서도 저연비로 배기 가스가 적은 X-토크 엔진을 탑재해 다루기 쉬운 만능 톱.

공기 청정 시스템	X-토크 엔진	프라이밍 펌프	측면 체인 장력 조절 장치	자동 튜닝	스마트 스타트	보조 스프링식 스마트 스타트	알루미늄 전방 손잡이	스냅식 잠금 커버
관성 자동 체인 브레이크	LowVib 시스템	특제 크랭크축	인체 공학적 손잡이	진동 억제 기화기	회전 관성력 절감 설계	유량 조절식 오일 펌프	초크 연동식 스톱 스위치	

135e

배기량	40.9cc
중량	4.6kg
최고 회전수	12,000rpm
체인 피치	3/8inch
소음 레벨	93.4dB(A)
연료 탱크 용량	0.37ℓ
오일 탱크 용량	0.25ℓ
표준 가이드 바 사이즈	35cm(14inch)
총 길이	395mm
폭	220mm
높이	290mm
정가	310,000원(29,800엔)

여가 시간을 이용해 취미로 목공을 하는 사람들이나, 주택의 정원수 관리 등에 적당한 입문자용 모델. 다른 공구 없이 신속하게 체인의 장력을 조절할 수 있는 툴리스 체인 텐셔닝(tooless chain tensioning)을 채용.

공기 청정 시스템	X-토크 엔진	프라이밍 펌프	측면 체인 장력 조절 장치	자동 튜닝	스마트 스타트	보조 스프링식 스마트 스타트	알루미늄 전방 손잡이	스냅식 잠금 커버
관성 자동 체인 브레이크	LowVib 시스템	특제 크랭크축	인체 공학적 손잡이	진동 억제 기화기	회전 관성력 절감 설계	유량 조절식 오일 펌프	초크 연동식 스톱 스위치	

338XPT

배기량	39.0cc
중량	3.5kg
최고 회전수	13,800rpm
체인 피치	3/8inch
소음 레벨	94.4dB(A)
연료 탱크 용량	0.34ℓ
오일 탱크 용량	0.14ℓ
표준 가이드 바 사이즈	35cm(14inch)
총 길이	290mm
폭	200mm
높이	235mm
정가	1,180,000원(113,400엔)

높이 있는 나뭇가지를 칠 때 혹은 나무 위에 올라가 작업을 해야 할 때 적당한 소형·경량 탑 핸들 모델. 바닥면이 평평해 조작성이 뛰어나다.

공기 청정 시스템	X-토크 엔진	프라이밍 펌프	측면 체인 장력 조절 장치	자동 튜닝	스마트 스타트	보조 스프링식 스마트 스타트	알루미늄 전방 손잡이	스냅식 잠금 커버
관성 자동 체인 브레이크	LowVib 시스템	특제 크랭크축	인체 공학적 손잡이	진동 억제 기화기	회전 관성력 절감 설계	유량 조절식 오일 펌프	초크 연동식 스톱 스위치	

339XP

배기량	39.0cc
중량	3.8kg
최고 회전수	13,800rpm
체인 피치	0.325inch
소음 레벨	96.8dB(A)
연료 탱크 용량	0.36ℓ
오일 탱크 용량	0.16ℓ
표준 가이드 바 사이즈	38cm(15inch)
총 길이	410mm
폭	225mm
높이	280mm
정가	1,100,000원(106,050엔)

3.8킬로그램의 경량 모델. 프라이밍 펌프, 관성 자동 체인 브레이크, 픽셀 체인을 사용하여 사용자 편의성을 중점적으로 고려한 기능에 충실한 제품.

공기 청정 시스템	X-토크 엔진	프라이밍 펌프	측면 체인 장력 조절 장치	자동 튜닝	스마트 스타트	보조 스프링식 스마트 스타트	알루미늄 전방 손잡이	스냅식 잠금 커버
관성 자동 체인 브레이크	LowVib 시스템	특제 크랭크축	인체 공학적 손잡이	진동 억제 기화기	회전 관성력 절감 설계	유량 조절식 오일 펌프	초크 연동식 스톱 스위치	

첨단기술이 빛나는 체인 톱 개척자, 스틸

STIHL®

스틸

1929년 처음으로 STIHL 엔진 톱을 개발한 이래, 앞서 가는 아이디어와 혁신적인 기술로 수많은 새로운 체인 톱을 만들어 온 독일 브랜드. 통나무집 건축가, 임업 종사자 등 전 세계적으로 애용자를 보유하고 있는 유명 브랜드이다.

눈에 띄는 기술

측면 체인 장력 조절 장치
스프로켓 커버 쪽에서 체인 장력 조절이 가능하다. 굳이 톱날을 손으로 만지지 않아도 조절이 가능하기 때문에 보다 안전하고 쾌적하게 작업할 수 있다.

퀵 체인 장력 조절 장치
별도의 공구를 사용하지 않고도 빠르고 쉽게 스프로켓 커버를 벗기고 간단하게 체인을 설치할 수 있으며, 장력 조절 또한 가능하다.

퀵 스톱 체인 브레이크
킥 백 현상이 발생했을 때, 관성에 의해 체인 브레이크가 작동하여 순식간에 체인의 회전을 멈추게 한다.

2-MIX 엔진
기존의 스트로크(stroke) 엔진과 비교해 연료 소비율을 20퍼센트 감소시켰다. 배기 가스 규제가 엄격한 유럽의 기준을 통과한 친환경형 엔진이다.

연료 공급 전자 제어 장치(M-Tronic)
점화 타이밍과 연료 양을 조절하는 완전 전자식 엔진 제어 시스템으로 작업 안정성을 높였다.

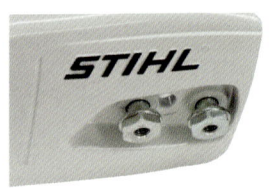

에르고 스타트(ergo start)
크랭크축과 스타트 로프 사이에 스프링을 장착해 스타터를 천천히 가볍게 당기기만 해도 엔진 시동이 걸린다.

툴 프리 탱크 캡(tool free tank cap)
연료 탱크와 오일 탱크의 캡에 가동식 손잡이를 부착해 다른 공구 없이도 개폐가 가능하도록 했다. 빠르고 간단하게 연료를 공급할 수 있다.

일체형 너트
스프로켓 커버와 나사를 일체화한 깔끔한 세팅으로 산 속에서 작업을 할 때 등 나사 분실 위험을 제거했다.

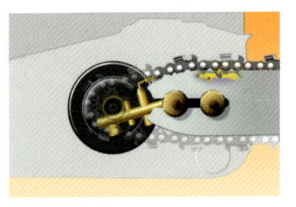

E 매틱 시스템
전용 가이드 바와 체인의 조합으로 체인 오일을 필요한 부분에 적당히 공급하여, 오일 소비량을 절약하는 시스템이다.

프라이밍 펌프
손가락으로 몇 차례 누르면 기화기 내부의 연료를 송출하기 때문에 엔진 시동을 부드럽게 걸 수 있다.

감압기
스위치를 누르면 실린더의 내압을 저하시키는 장치. 스타터를 당기는 힘이 약해도 엔진의 시동이 쉽게 걸리도록 해준다.

보정기(compensator)
에어 필터가 막혀 흡입력이 떨어졌을 경우 혼합 가스 내에 있는 연료와 공기의 비율을 적정 상태로 유지해 엔진의 출력을 장시간 일정하게 유지시킨다.

방진 시스템
정확하게 계산되고 설치된 방진 요소(장치)가 엔진과 체인에서 발생하는 진동을 흡수해 작업자의 피로도를 대폭 줄여준다.

마스터 컨트롤 레버
오른손으로 손잡이를 잡은 채로 마스트 컨트롤 레버 하나만으로도 초크, 하프 가속 조절기, 스톱 등의 조작이 가능하다.

마이크로 프로세서 점화 장치
플러그 점화 타이밍을 엔진 회전에 맞춘 최적화 점화 장치. 엔진 회전 속도가 느릴 때는 보다 부드러운 회전을, 속도가 빠를 때에는 최고의 파워를 낸다.

MS 441

배기량	70.7cc
질량	6.6kg
최고 회전수	13,500rpm
체인 피치	3/8inch
소음 레벨	105.0dB(A)
연료 탱크 용량	0.725ℓ
오일 탱크 용량	0.360ℓ
표준 가이드 바 사이즈	50cm(20inch)
총 길이	460mm
폭	275mm
높이	310mm
정가	2,950,000원(282,450엔)

배기량 70.7시시의 고성능 전문가용 체인 톱. 뛰어난 중량대비 출력 비율을 보여주면서도 진동이 적어 작업자의 피로도를 현저하게 줄여준다. 큰 느티나무나 단단한 나무의 벌목 작업 등에 적합하다.

측면 체인 장력 조절 장치	퀵 체인 장력 조절 장치	퀵 스톱 체인 브레이크	2-MIX 엔진	연료 공급 전자 제어 장치	에르고 스타트	툴 프리 탱크 캡	일체형 너트
E 매틱 시스템	프라이밍 펌프	감압기	보정기	방진 시스템	마스터 컨트롤 레버	마이크로 프로세서 점화 장치	

MS 362

배기량	59.0cc
질량	5.9kg
최고 회전수	14,000rpm
체인 피치	3/8inch
소음 레벨	103.0dB(A)
연료 탱크 용량	0.6ℓ
오일 탱크 용량	0.325ℓ
표준 가이드 바 사이즈	50㎝(20inch)
총 길이	455㎜
폭	255㎜
높이	300㎜
정가	2,400,000원(229,950엔)

배기 가스 배출에 대해 엄격한 유럽 기준을 통과한 2-MIX 엔진을 장착한 모델. 파워풀한 절단력과 저진동으로 작업 능률을 높여준다.

측면 체인 장력 조절 장치	퀵 체인 장력 조절 장치	퀵 스톱 체인 브레이크	2-MIX 엔진	연료 공급 전자 제어 장치	에르고 스타트	툴 프리 탱크 캡	일체형 너트
E 매틱 시스템	프라이밍 펌프	감압기	보정기	방진 시스템	마스터 컨트롤 레버	마이크로 프로세서 점화 장치	

MS 261

배기량	50.2cc
질량	5.2kg
최고 회전수	14,000rpm
체인 피치	0.325inch
소음 레벨	102.0dB(A)
연료 탱크 용량	0.5ℓ
오일 탱크 용량	0.27ℓ
표준 가이드 바 사이즈	45㎝(18inch)
총길이	450㎜
폭	250㎜
높이	285㎜
정가	1,140,000원(109,800엔)

폭넓은 회전 영역으로 높은 회전력을 구현. 깊은 산 속에서 행하는 작업에서부터 통나무집 짓기까지 여러 분야에 활약하고 있다. 조작성이 뛰어나 인기가 많다.

측면 체인 장력 조절 장치	퀵 체인 장력 조절 장치	퀵 스톱 체인 브레이크	2-MIX 엔진	연료 공급 전자 제어 장치	에르고 스타트	툴 프리 탱크 캡	일체형 너트
E 매틱 시스템	프라이밍 펌프	감압기	보정기	방진 시스템	마스터 컨트롤 레버	마이크로 프로세서 점화 장치	

MS 241 C-M

배기량	42.6cc
질량	4.7kg
최고 회전수	14,000rpm
체인 피치	3/8inch
소음 레벨	102.0dB(A)
연료 탱크 용량	0.39ℓ
오일 탱크 용량	0.25ℓ
표준 가이드 바사이즈	40㎝(16inch)
총 길이	425㎜
폭	255㎜
높이	290㎜
정가	1,040,000원(99,800엔)

상황에 따라 연료와 공기의 배합률을 적절히 조절하는 연료 공급 전자 제어 장치를 표준 장착한 모델이다. 배기 가스를 대폭 줄였고, 저연비로 환경까지도 고려한 제품이다.

측면 체인 장력 조절 장치	퀵 체인 장력 조절 장치	퀵 스톱 체인 브레이크	2-MIX 엔진	연료 공급 전자 제어 장치	에르고 스타트	툴 프리 탱크 캡	일체형 너트
E 매틱 시스템	프라이밍 펌프	감압기	보정기	방진 시스템	마스터 컨트롤 레버	마이크로 프로세서 점화 장치	

MS 211 C-BE

배기량	35.2cc
질량	4.6kg
최고 회전수	13,500rpm
체인 피치	3/8inch
소음 레벨	99.0dB(A)
연료 탱크 용량	0.27ℓ
오일 탱크 용량	0.265ℓ
표준 가이드 바 사이즈	35㎝(14inch)
총 길이	405㎜
폭	265㎜
높이	265㎜
정가	620,000원(59,800엔)

에르고 스타트와 퀵 체인 장력 조절 장치를 표준 장착한 배기량 35.2시시의 모델로 다루기가 쉽다. 장작 만들기와 가지치기 작업 등에 적합하다.

측면 체인 장력 조절 장치	퀵 체인 장력 조절 장치	퀵 스톱 체인 브레이크	2-MIX 엔진	연료 공급 전자 제어 장치	에르고 스타트	툴 프리 탱크 캡	일체형 너트
E 매틱 시스템	프라이밍 펌프	감압기	보정기	방진 시스템	마스터 컨트롤 레버	마이크로 프로세서 점화 장치	

MS 201 C-E

배기량	35.2cc
질량	4.0kg
최고 회전수	14,000rpm
체인 피치	3/8inch
소음 레벨	98.0dB(A)
연료 탱크 용량	0.31ℓ
오일 탱크 용량	0.22ℓ
표준 가이드 바 사이즈	35㎝(14inch)
총 길이	435㎜
폭	255㎜
높이	258㎜
정가	730,000원(69,800엔)

프라이밍 펌프와 에르고 스타트를 장착해 조작성을 향상시킨 전문가용 모델. 무게 4.0킬로그램의 경량급으로 정교한 작업에도 적합하다.

측면 체인 장력 조절 장치	퀵 체인 장력 조절 장치	퀵 스톱 체인 브레이크	2-MIX 엔진	연료 공급 전자 제어 장치	에르고 스타트	툴 프리 탱크 캡	일체형 너트
E 매틱 시스템	프라이밍 펌프	감압기	보정기	방진 시스템	마스터 컨트롤 레버	마이크로 프로세서 점화 장치	

MS 192 C-E

배기량	30.1cc
질량	3.3kg
최고 회전수	13,500rpm
체인 피치	3/8inch
소음 레벨	99.0dB(A)
연료 탱크 용량	0.27ℓ
오일 탱크 용량	0.22ℓ
표준 가이드 바 사이즈	35㎝(14inch)
총 길이	420㎜
폭	250㎜
높이	245㎜
정가	520,000원(49,800엔)

3.3킬로그램의 초경량 후방 핸들 체인 톱. 반투명의 탱크와 툴 프리 탱크 캡을 채용해 연료 보충 시 편리하다.

측면 체인 장력 조절 장치	퀵 체인 장력 조절 장치	퀵 스톱 체인 브레이크	2-MIX 엔진	연료 공급 전자 제어 장치	에르고 스타트	툴 프리 탱크 캡	일체형 너트
E 매틱 시스템	프라이밍 펌프	감압기	보정기	방진 시스템	마스터 컨트롤 레버	마이크로 프로세서 점화 장치	

MS 170

배기량	30.1cc
질량	3.9kg
최고 회전수	14,000rpm
체인 피치	3/8inch
소음 레벨	98.0dB(A)
연료 탱크 용량	0.25ℓ
오일 탱크 용량	0.145ℓ
표준 가이드 바 사이즈	30cm(12inch)
총 길이	405mm
폭	235mm
높이	255mm
정가	280,000원(26,800엔)

가성비가 뛰어난 입문자용 모델. 장작 만들기나 정원수의 손질 등 체인 톱 작업을 본격적으로 시작해보려는 초보자들이 사용하기 좋다.

측면 체인 장력 조절 장치	퀵 체인 장력 조절 장치	퀵 스톱 체인 브레이크	2-MIX 엔진	연료 공급 전자 제어 장치	에르고 스타트	툴 프리 탱크 캡	일체형 너트
E 매틱 시스템	프라이밍 펌프	감압기	보정기	방진 시스템	마스터 컨트롤 레버	마이크로 프로세서 점화 장치	

MS 150 TC-E

배기량	23.6cc
질량	2.6kg
최고 회전수	12,800rpm
체인 피치	1/4inch
소음 레벨	97.0dB(A)
연료 탱크 용량	0.2ℓ
오일 탱크 용량	0.15ℓ
표준 가이드 바 사이즈	25cm(10inch)
총 길이	245mm
폭	205mm
높이	235mm
정가	730,000원(69,800엔)

수목 관리에 적절한 탑 핸들 모델. 에르고 스타트 등 편리한 기능을 탑재한 2.6킬로그램의 세계 최경량급이다.

측면 체인 장력 조절 장치	퀵 체인 장력 조절 장치	퀵 스톱 체인 브레이크	2-MIX 엔진	연료 공급 전자 제어 장치	에르고 스타트	툴 프리 탱크 캡	일체형 너트
E 매틱 시스템	프라이밍 펌프	감압기	보정기	방진 시스템	마스터 컨트롤 레버	마이크로 프로세서 점화 장치	

MSA 160 C-BQ

질량	3.2kg
체인 피치	1/4inch
소음 레벨	84.0dB(A)
오일 탱크 용량	0.21ℓ
표준 가이드 바 사이즈	30cm(12inch)
총 길이	425mm
폭	215mm
높이	255mm
정가	520,000원(49,800엔)

배터리를 사용하기 때문에 배기가스 걱정이 없고 소음이 적다. 도시나 주택가에서도 배기가스 배출이나 소음 등에 신경 쓰지 않고 작업할 수 있다. 유지 관리도 용이하다.

측면 체인 장력 조절 장치	퀵 체인 장력 조절 장치	퀵 스톱 체인 브레이크	2-MIX 엔진	연료 공급 전자 제어 장치	에르고 스타트	툴 프리 탱크 캡	일체형 너트
E 매틱 시스템	프라이밍 펌프	감압기	보정기	방진 시스템	마스터 컨트롤 레버	마이크로 프로세서 점화 장치	

풍부한 라인업이 매력인 일본 대표 브랜드, 제노아

제노아
제노아의 역사는 1910년부터이다. 옥외용 기구 브랜드로서 환경 보호와 경제성을 동시에 추구하는 상품 개발을 시도해왔다. 독자 기술인 2사이클 엔진은 시장에서 정평이 나 있다. 2007년부터 허스크바나 그룹의 일원이 되었다.

눈에 띄는 기술

자동 체인 장력 조절 장치
번거로운 체인 장력 조절을 누구나 한 번에 간단하게 할 수 있는 세계 최초 자동 체인 장력 조절 장치를 사용.

측면 체인 장력 조절 장치
체인 장력을 조절하기 편리하도록 클러치 커버가 있는 본체의 옆면에 부착했다.

핑거 EZ 스타트
손가락 하나로 부드럽게 엔진의 시동을 걸 수 있는 기능이다. 나무 위에서 작업할 때 등 위험한 환경에서의 안정성을 보장하기 위해 개발되었다.

프라이머리 펌프
프라이머리 펌프를 수차례 누르면 탱크 연료를 엔진이 빨아들여, 반복해서 로프를 당기는 수고를 덜어준다.

세미 오토 감압기
세미 오토 감압기의 장착으로 엔진 시동할 때 따로 손이 가는 부담을 최소한으로 줄여주고, 엔진의 시동도 부드럽게 걸어준다.

가속 조절기 연동식 초크
가속 조절기를 당기면 자동으로 초크가 되돌아오는 구조로 연료의 불필요한 낭비 없이 엔진의 시동을 걸 수 있는 기능이다.

먼지 제거 흡입 시스템
쓰레기를 원심 분리하여 에어 클리너 쪽에 깨끗한 공기를 공급하는 시스템이다. 에어 클리너 청소에 드는 수고가 대폭 감소한다.

스트라토 차지드(Strato-Charged) 엔진
반응열이 발생하게 하는 촉매제를 전혀 사용하지 않고, 배기 가스 농도를 대폭 감소시켰다. 여름철 연속 작동에도 안정된 출력 성능을 발휘한다.

EZ 스타트
기존 리코일에 보조 스프링을 내장해 1/3의 힘과 1/2의 속도로 엔진의 시동을 걸 수 있도록 했다.

e 스타트
배기 감압기와 자동 진각 장치가 부착된 CDI 자석, 스프링이 장착된 코일 노브의 조합에 따라 적은 힘으로도 부드럽게 시동이 걸리도록 했다.

기화기 방열 설계
엔진의 열로부터 기화기를 보호해 여름철 연속 가동 시 발생되는 베이퍼 로크(vapor lock) 현상 등을 방지한다.

자동 진각 장치가 부착된 CDI 자석
자동으로 점화 시기를 조절해주기 때문에 엔진의 시동이 매끄럽게 걸리며 적은 힘으로 로프를 당겨도 쉽게 시동이 걸리는 것을 직접 체감할 수 있다.

조정식 기계 펌프
작업 조건에 따라 체인 오일의 배출량을 달리 해주는 기능이다. 고회전할수록 체인을 부드럽게 움직이기 위해 오일 배출이 증가한다.

관성 작동식 체인 브레이크
톱 체인의 회전을 확실히 멈추는 것을 체인 브레이크라고 하는데, 작업 전에 체인 브레이크가 정상적으로 작동하는 것을 확인한 다음에 엔진의 시동이 걸리도록 하는 기능이다.

G6200P

배기량	62.0cc
중량	5.4kg
최고 회전수	12,500rpm
체인 피치	3/8inch
소음 레벨	99.4dB(A)
연료 탱크 용량	0.67ℓ
오일 탱크 용량	0.35ℓ
표준 사이드 바 사이즈	60cm(24inch)
총 길이	590mm
폭	270mm
높이	290mm
정가	2,800,000원(270,165엔)

배기량 62시시의 견고한 전문가용 체인톱. 세미 오토 감압기를 장착하여 적은 힘으로도 엔진의 시동을 걸 수 있도록 했다. 핸들 히팅 기능이 있다.

자동 체인 장력 조절 장치	측면 체인 장력 조절 장치	핑거 EZ 스타트	프라이머리 펌프	세미 오토 감압기	가속 조절기 연동식 초크	먼지 제거 흡입 시스템
스트라토 차지드 엔진	EZ 스타트	e 스타트	기화기 방열 설계	자동 진각 장치 CDI 자석	조정식 기계 펌프	관성 작동식 체인 브레이크

G5001P

배기량	49.3cc
중량	5.0kg
최고 회전수	14,000rpm
체인 피치	0.325inch
소음 레벨	97.2dB(A)
연료 탱크 용량	0.55ℓ
오일 탱크 용량	0.26ℓ
표준 사이드 바 사이즈	50cm(20inch)
총 길이	420mm
폭	245mm
높이	270mm
정가	2,100,000원(203,385엔)

강력한 파워와 안정성으로 벌목 및 제재(製材) 현장에서 활약하는 모델. 방진 시스템을 탑재해, 작업자의 피로를 줄여준다. 핸들 히팅 기능도 있다.

자동 체인 장력 조절 장치	측면 체인 장력 조절 장치	핑거 EZ 스타트	프라이머리 펌프	세미 오토 감압기	가속 조절기 연동식 초크	먼지 제거 흡입 시스템
스트라토 차지드 엔진	EZ 스타트	e 스타트	기화기 방열 설계	자동 진각 장치 CDI 자석	조정식 기계 펌프	관성 작동식 체인 브레이크

GZ4300EZ

배기량	43.1cc
중량	4.4kg
최고 회전수	14,500rpm
체인 피치	0.325inch
소음 레벨	96.8dB(A)
연료 탱크 용량	0.42ℓ
오일 탱크 용량	0.27ℓ
표준 사이드 바 사이즈	40cm(16inch)
총 길이	390mm
폭	235mm
높이	275mm
정가	1,440,000원(138,180엔)

뛰어난 냉각성과 저연비를 자랑하는 스트라토 차지드 엔진을 채용해 연속 운동에서 안정된 출력을 발휘한다. 히팅 핸들 기능이 있다.

자동 체인 장력 조절 장치	측면 체인 장력 조절 장치	핑거 EZ 스타트	프라이머리 펌프	세미 오토 감압기	가속 조절기 연동식 초크	먼지 제거 흡입 시스템
스트라토 차지드 엔진	EZ 스타트	e 스타트	기화기 방열 설계	자동 진각 장치 CDI 자석	조정식 기계 펌프	관성 작동식 체인 브레이크

GZ3900EZ

배기량	39.1cc
중량	4.4kg
최고 회전수	15,000rpm
체인 피치	3/8, 0.325, 1/4inch
소음 레벨	–
연료 탱크 용량	0.42ℓ
오일 탱크 용량	0.27ℓ
표준 사이드 바 사이즈	40cm(16inch)
총 길이	390mm
폭	235mm
높이	275mm
정가	1,180,000원(113,400엔)

저연비, 저배기가스를 실현한 친환경 엔진 스트라토 차지드를 탑재한 전문가용 체인톱. 핸들 히팅 기능이 있는 사양도 있다.

자동 체인 장력 조절 장치	측면 체인 장력 조절 장치	핑거 EZ 스타트	프라이머리 펌프	세미 오토 감압기	가속 조절기 연동식 초크	먼지 제거 흡입 시스템
스트라토 차지드 엔진	EZ 스타트	e 스타트	기화기 방열 설계	자동 진각 장치 CDI 자석	조정식 기계 펌프	관성 작동식 체인 브레이크

GZ3850EZ

배기량	40.1cc
중량	4.2kg
최고 회전수	13,000 rpm
체인 피치	1/4, 3/8inch
소음 레벨	91.8dB(A)
연료 탱크 용량	0.31ℓ
오일 탱크 용량	0.21ℓ
표준 사이드 바 사이즈	35㎝(14inch)
총 길이	370㎜
폭	235㎜
높이	270㎜
정가	840,000원(80,850엔)

작업 환경을 고려한 스트라토 차지드 엔진과 엔진 시동이 쉬운 EZ 스타트를 장착해 벌목, 수직으로 자르기, 가지치기 작업 등에 두루두루 만능으로 사용할 수 있는 체인 톱.

자동 체인 장력 조절 장치	측면 체인 장력 조절 장치	핑거 EZ 스타트	프라이머리 펌프	세미 오토 감압기	가속 조절기 연동식 초크	먼지 제거 흡입 시스템
스트라토 차지드 엔진	EZ 스타트	e 스타트	기화기 방열 설계	자동 진각 장치 CDI 자석	조정식 기계 펌프	관성 작동식 체인 브레이크

GZ360EZ

배기량	35.2cc
중량	3.7kg
최고 회전수	13,000rpm
체인 피치	1/4inch
소음 레벨	-
연료 탱크 용량	0.3ℓ
오일 탱크 용량	0.2ℓ
표준 사이드 바 사이즈	35㎝(14inch)
총 길이	420㎜
폭	240㎜
높이	255㎜
정가	520,000원(49,980엔)

잡목 처리부터 장작 만들기까지 폭넓게 사용되는 만능 체인 톱. 무게는 3.7킬로그램의 경량이나 동급 최강의 절단력을 자랑한다.

자동 체인 장력 조절 장치	측면 체인 장력 조절 장치	핑거 EZ 스타트	프라이머리 펌프	세미 오토 감압기	가속 조절기 연동식 초크	먼지 제거 흡입 시스템
스트라토 차지드 엔진	EZ 스타트	e 스타트	기화기 방열 설계	자동 진각 장치 CDI 자석	조정식 기계 펌프	관성 작동식 체인 브레이크

G3401EZ 장력체인

배기량	33.4cc
중량	3.5kg
최고 회전수	12,500rpm
체인 피치	3/8, 1/4inch
소음 레벨	95.7dB(A)
연료 탱크 용량	0.27ℓ
오일 탱크 용량	0.2ℓ
표준 사이드 바 사이즈	30㎝(12inch)
총 길이	380㎜
폭	230㎜
높이	250㎜
정가	720,000원(69,300엔)

특별한 공구 없이도 체인 장력을 조절할 수 있는 체인 장력 조절 장치를 장착하여, 과실수의 가지치기나 체인 톱 아트 등에 폭 넓게 사용된다.

자동 체인 장력 조절 장치	측면 체인 장력 조절 장치	핑거 EZ 스타트	프라이머리 펌프	세미 오토 감압기	가속 조절기 연동식 초크	먼지 제거 흡입 시스템
스트라토 차지드 엔진	EZ 스타트	e 스타트	기화기 방열 설계	자동 진각 장치 CDI 자석	조정식 기계 펌프	관성 작동식 체인 브레이크

G2551T 핑거EZ

배기량	25.4cc
중량	2.8kg
최고 회전수	12,500rpm
체인 피치	1/4inch
소음 레벨	91.6dB (A)
연료 탱크 용량	0.23ℓ
오일 탱크 용량	0.16ℓ
표준 사이드 바 사이즈	25cm(10inch)
총 길이	260mm
폭	220mm
높이	210mm
정가	750,000원(72,240엔)

셀렉트 바와 버튼 조작으로 손가락 하나만으로도 간단히 엔진의 시동을 걸 수 있는 핑거 EZ 스타트를 장착한 하이 파워 핸들 톱이다.

자동 체인 장력 조절 장치	측면 체인 장력 조절 장치	핑거 EZ 스타트	프라이머리 펌프	세미 오토 감압기	가속 조절기 연동식 초크	먼지 제거 흡입 시스템
스트라토 차지드 엔진	EZ 스타트	e 스타트	기화기 방열 설계	자동 진각 장치 CDI 자석	조정식 기계 펌프	관성 작동식 체인 브레이크

G2501T

배기량	25.4cc
중량	2.6kg
최고 회전수	12,500rpm
체인 피치	1/4inch
소음 레벨	92.1dB(A)
연료 탱크 용량	0.23ℓ
오일 탱크 용량	0.16ℓ
표준 사이드 바 사이즈	25cm(10inch)
총 길이	260mm
폭	215mm
높이	210mm
정가	700,000원(66,675엔)

배기량 25.4시시, 무게 2.6킬로그램의 세계 최경량 탑 핸들 체인 톱. 장작 만들기는 물론, 나무 위에서의 작업이나 가지치기에 최적화된 모델이다.

자동 체인 장력 조절 장치	측면 체인 장력 조절 장치	핑거 EZ 스타트	프라이머리 펌프	세미 오토 감압기	가속 조절기 연동식 초크	먼지 제거 흡입 시스템
스트라토 차지드 엔진	EZ 스타트	e 스타트	기화기 방열 설계	자동 진각 장치 CDI 자석	조정식 기계 펌프	관성 작동식 체인 브레이크

G2000T

배기량	18.3cc
중량	2.2kg
최고 회전수	12,500rpm
체인 피치	1/4inch
소음 레벨	95.3dB(A)
연료 탱크 용량	0.17ℓ
오일 탱크 용량	0.16ℓ
표준 사이드 바 사이즈	20cm(8inch)
총 길이	270mm
폭	190mm
높이	190mm
정가	760,000원(72,765엔)

배기량 18.3시시, 중량 2.2킬로그램의 다루기 쉬운 컴팩트 모델로 체인 톱으로는 세계 최소, 초경량이다. 가지치기와 작은 통나무 벌목에 최적이다.

자동 체인 장력 조절 장치	측면 체인 장력 조절 장치	핑거 EZ 스타트	프라이머리 펌프	세미 오토 감압기	가속 조절기 연동식 초크	먼지 제거 흡입 시스템
스트라토 차지드 엔진	EZ 스타트	e 스타트	기화기 방열 설계	자동 진각 장치 CDI 자석	조정식 기계 펌프	관성 작동식 체인 브레이크

임업에 탁월, 강력하지만 다루기 쉬운 고품질, 신다이와

shindaiwa®

신다이와
㈜야마비코의 농기계 브랜드로 1925년에 전신인 신다이와공업을 설립한 이래 수많은 훌륭한 기계를 개발해왔다. 임업 전문가들 사이에서는 엔진 시동이 쉽고 고장이 적어 상당히 높은 인기를 얻고 있다.

소프트 스타트
보조 스프링의 움직임에 의해, 가벼운 힘으로 간단하게 시동이 걸리는 독자적인 구조. 스타터를 당겼을 때 덜컹거리지 않고 부드럽게 시동이 걸려 작업을 더욱더 기분 좋게 해줄 것이다.

프라이머리 펌프
손가락 끝으로 2~3회 누르면, 기화기 안으로 연료를 공급해주는 펌프를 장착. 스타터를 당기는 횟수가 줄어든다.

가속 조절기 운전 초크
초크 레버를 당기는 것만으로도 시동 시 반가속 상태를 만들어준다. 시동 후에는 운전 초크를 잡아당기면 자동으로 초크가 해제된다.

인보드(inboard)식 클러치 드럼
클러치 드럼이 본체 내부에 들어가 있어 톱 체인과 가이드 바의 교환을 간단하게 할 수 있다. 톱밥 제거 등 청소도 한결 수월하다.

냉각 방지 셔터
저온일 때는 엔진 온도를 높여주고, 고온일 때는 열을 효율적으로 식혀주는 냉각 플레이트를 장착하여 간단하게 온도 전환을 할 수 있다.

편리한 체인 장력 조절
체인 장력 조절 나사를 가이드 바 안쪽에 비스듬하게 설치해 체인 장력 조절이 한결 간편하다.

롤러 체인 캐처
체인이 빠졌을 때 빠진 체인으로 인한 연료 탱크의 파손이나 톱 체인의 손상을 방지하기 위한 체인 캐처를 본체 하부에 부착했다.

개폐가 편리한 캡
연료 캡과 오일 캡이 닫힌 채로 딱딱하게 굳어버려 열기 힘들 때를 대비해, 스타터 손잡이 등을 사용해 간단히 개폐할 수 있도록 했다.

체인 브레이크
킥 백 현상이 발생했을 때 체인의 회전을 멈추게 하는 브레이크를 탑재해 가이드 바가 솟구쳐 올라 작업자가 다치는 위험을 줄였다.

클러치 연동 오일 펌프
체인이 회전을 하기 시작하면, 체인 오일을 자동으로 공급하는 자동 급유 시스템에 의해 가이드 바와 톱 체인의 손상을 방지한다.

중저속 영역·고회전형 엔진
저속부터 고속까지 폭넓은 회전 영역으로 출력과 회전력의 균형이 탁월한 신개발 엔진. 장시간 작업을 할 때도 작업자가 보다 편하고 여유롭게 사용할 수 있도록 했다.

E1060D

배기량	59.8cc
중량	6.2kg
최고 회전수	13,400rpm
체인 피치	3/8inch
소음 레벨	-
연료 탱크 용량	0.65ℓ
오일 탱크 용량	0.3ℓ
표준 가이드 바 사이즈	50cm(20inch)
총 길이	448mm
폭	246mm
높이	296mm
정가	2,080,000원(199,500엔)

대형 통나무를 편하게 절단할 수 있는 강력한 파워와 강력한 회전력을 실현한 롱스트로크 엔진을 장착했다. 냉각 방지 기능으로 겨울철에도 안심하고 작업할 수 있다.

소프트 스타트	프라이머리 펌프	가속 조절기 운전 초크	인보드식 클러치 드럼	냉각 방지 셔터	편리한 체인 장력 조절
롤러 체인 캐처	개폐가 편리한 캡	체인 브레이크	클러치 연동 오일 펌프	중저속 영역·고회전형 엔진	

E1145S

배기량	44.6cc
중량	4.7kg
최고 회전수	14,000rpm
체인 피치	0.325inch
소음 레벨	–
연료 탱크 용량	0.54ℓ
오일 탱크 용량	0.27ℓ
표준 가이드 바 사이즈	45cm(18inch)
총 길이	375mm
폭	245mm
높이	290mm
정가	1,560,000원(149,100엔)

배기량 44.6시시의 고성능 엔진을 장착했다. 인보드식 클러치 드럼을 사용해 체인과 가이드 바의 탈부착이 간단하다.

소프트 스타트	프라이머리 펌프	가속 조절기 운전 초크	인보드식 클러치 드럼	냉각 방지 셔터	편리한 체인 장력 조절
롤러 체인 캐처	개폐가 편리한 캡	체인 브레이크	클러치 연동 오일 펌프	중저속 영역·고회전형 엔진	

E2035S

배기량	35.2cc
중량	3.9kg
최고 회전수	13,200rpm
체인 피치	1/4, 3/8inch
소음 레벨	–
연료 탱크 용량	0.3ℓ
오일 탱크 용량	0.19ℓ
표준 가이드 바 사이즈	35cm(14inch)
총 길이	359mm
폭	238mm
높이	255mm
정가	780,000원(74,445엔)

소형, 경량, 사용자 편의를 모토로 한 모델로서 누구든 안심하고 사용할 수 있다. 저진동, 저연비의 콤팩트한 엔진을 장착했다.

소프트 스타트	프라이머리 펌프	가속 조절기 운전 초크	인보드식 클러치 드럼	냉각 방지 셔터	편리한 체인 장력 조절
롤러 체인 캐처	개폐가 편리한 캡	체인 브레이크	클러치 연동 오일 펌프	중저속 영역·고회전형 엔진	

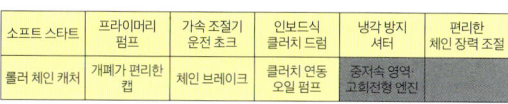

E1126TS

배기량	26.9cc
중량	2.7kg
최고 회전수	12,500rpm
체인 피치	1/4inch
소음 레벨	–
연료 탱크 용량	0.24ℓ
오일 탱크 용량	0.16ℓ
표준 가이드 바 사이즈	25cm(10inch)
총 길이	252mm
폭	214mm
높이	211mm
정가	720,000원(69,300엔)

2.7킬로그램의 경량급이면서도 강력한 파워를 자랑하는 탑 핸들 톱. 카빙 바와 후방 손잡이의 사용으로 다양한 작업에 사용 가능하다.

소프트 스타트	프라이머리 펌프	가속 조절기 운전 초크	인보드식 클러치 드럼	냉각 방지 셔터	편리한 체인 장력 조절
롤러 체인 캐처	개폐가 편리한 캡	체인 브레이크	클러치 연동 오일 펌프	중저속 영역·고회전형 엔진	

사용 편의성 좋아 전문가들 사이에서 소문난 브랜드, 신구우

신구우
1952년부터 미국 매컬럭(McCulloch)사의 체인 톱을 수입 판매하기 시작했다. 그 경험을 토대로 1981년부터 전문가용 고품질 체인 톱을 자체 개발, 판매하게 되었다. 높은 기술력과 신뢰성은 긴 역사가 증명해준다.

눈에 띄는 기술

시동 순서 라벨
스위치 옆에 시동 순서를 설명하기 위한 라벨을 부착했다. 라벨 순서대로 조작하기만 하면 초보자라도 간단하게 엔진의 시동을 걸 수 있다.

감압기
시동 시 버튼을 누르면 실린더 내부의 압력을 낮추어, 스타터를 당길 때의 저항이 감소된다. 팔 힘이 약한 사람도 손쉽게 시동을 걸 수 있다.

Q포트
출력의 로스를 억제하고, 소음을 감소시킬 수 있는 형태의 배기구를 설계했다. 스타터를 가볍게 당겨도 엔진의 시동이 쉽게 걸린다.

냉각 방지
겨울철 흡입기 주변에 생긴 물방울이 얼어 연료 공급을 할 수 없게 되는 현상을 방지하는 플레이트를 장착했다. 여름에는 플레이트를 뒤집어서 세팅한다.

프라이밍 펌프
새로운 연료를 기화기 내부로 보내주는 펌프. 체인 톱을 사용하지 않고 장기간 방치했다가 사용할 때도 엔진의 시동이 쉽게 걸린다.

오토 리턴 초크
초크를 당기면 가속 조절기가 자동적으로 반가속 상태로 고정되어 스타터를 당기는 것만으로도 엔진 시동이 걸린다.

측면 체인 장력 조절 장치
클러치 커버에 체인 장력을 조절할 수 있는 나사를 장착해 빠르고 간단하게 체인 장력을 조절할 수 있다.

가벼운 원 스타트
스타터에 엑셀 스프링을 내장해 엔진 시동 시 당기는 힘의 저항을 감소시켰다.

자동 체인 브레이크
킥 백 현상이 발생하였을 때, 관성의 힘에 의해 자동으로 체인 브레이크가 작동해 순간적으로 체인의 회전을 멈춘다.

클러치 연동 오일 펌프
체인이 회전하고 있을 때만 클러치가 작동해 체인 오일을 공급하는 오일 펌프. 체인 오일의 불필요한 소비를 줄여준다.

자동 진각 장치가 부착된 CDI 자석
플러그 점화 타이밍을 저속 시에는 느리게, 고속 시에는 빠르게 하여 항상 최적의 상태로 유지해주는 자동 진각 기능이 있는 점화 시스템.

SVK4320D

배기량	42.9cc
중량	4.1kg
최고 회전수	13,000~14,000rpm
체인 피치	0.325inch
소음 레벨	–
연료 탱크 용량	0.4ℓ
오일 탱크 용량	0.26ℓ
표준 가이드 바 사이즈	46cm(18inch)
총 길이	390mm
폭	240mm
높이	269mm
정가	1,540,000원(148,050엔)

배기량 42.9시시의 최고 출력에, 4.1킬로그램의 가벼운 무게를 실현한 풀 스펙 체인 톱. 가벼운 원 스타트와 감압기를 겸비해, 엔진 시동 또한 쉽게 걸린다.

시동 순서 라벨	감압기	Q포트	냉각 방지	프라이밍 펌프	오토 리턴 초크
측면 체인 장력 조절 장치	가벼운 원 스타트	자동 체인 브레이크	클러치 연동 오일 펌프	자동 진각 장치가 부착된 CDI 자석	

SVK3920D

배기량	38.2cc
중량	4.1kg
최고 회전수	13,500~14,500rpm
체인 피치	0.325inch
소음 레벨	–
연료 탱크 용량	0.4ℓ
오일 탱크 용량	0.26ℓ
표준 가이드 바 사이즈	40cm(16inch)
총 길이	390mm
폭	238mm
높이	269mm
정가	1,030,000원(98,700엔)

임업 전문가들이나 체인 톱 사용 빈도가 높은 준전문가들에게 최적인 고회전, 고출력 모델이다. 가지치기부터 벌목, 통나무 자르기까지 어떤 작업이든 문제없이 가능한 만능 톱이다.

시동 순서 라벨	감압기	Q포트	냉각 방지	프라이밍 펌프	오토 리턴 초크
측면 체인 장력 조절 장치	가벼운 원 스타트	자동 체인 브레이크	클러치 연동 오일 펌프	자동 진각 장치가 부착된 CDI 자석	

efco137PS

배기량	35.2cc
중량	4.3kg
최고 회전수	–
체인 피치	3/8inch
소음 레벨	–
연료 탱크 용량	0.32ℓ
오일 탱크 용량	0.2ℓ
표준 가이드 바 사이즈	35cm(14inch)
총 길이	396mm
폭	232mm
높이	268mm
정가	680,000원(65,100엔)

자동 날 연마 장치를 표준 장착한 모델. 칼날이 무뎌졌을 때에도 파워 샤프를 사용하면 따로 날 세우기를 하지 않아도 편리하게 톱날을 예리하게 만들 수 있다.

시동 순서 라벨	감압기	Q포트	냉각 방지	프라이밍 펌프	오토 리턴 초크
측면 체인 장력 조절 장치	가벼운 원 스타트	자동 체인 브레이크	클러치 연동 오일 펌프	자동 진각 장치가 부착된 CDI 자석	

SPE275T

배기량	26.9cc
중량	2.7kg
최고 회전수	11,300~12,500rpm
체인 피치	1/4inch
소음 레벨	–
연료 탱크 용량	0.24ℓ
오일 탱크 용량	0.16ℓ
표준 가이드 바 사이즈	25cm(10inch)
총 길이	252cmmm
폭	214mm
높이	211mm
정가	720,000원(69,300엔)

정교한 작업에 최적인 카빙 바를 장착한 탑 핸들 체인 톱. 당기는 힘이 적게 드는 스타터를 채용해 팔 힘이 약한 사람도 쉽게 엔진의 시동을 걸 수 있다.

시동 순서 라벨	감압기	Q포트	냉각 방지	프라이밍 펌프	오토 리턴 초크
측면 체인 장력 조절 장치	가벼운 원 스타트	자동 체인 브레이크	클러치 연동 오일 펌프	자동 진각 장치가 부착된 CDI 자석	

취미에서부터 전문적 벌목까지 폭넓게 갖춘 라인업, 쿄리츠

쿄리츠

㈜야마비코의 농기계 브랜드. 쿄리츠 전신은 1947년 창업했다. 임업 기계와 농업용 관리 기계 등을 제조 판매한다. 벌목, 대나무 절단, 뿌리 절단 등 다양한 용도에 맞는 체인 톱 라인 업을 구성하고 있다.

눈에 띄는 기술

오토 리턴 초크
초크를 당기면 반가속 상태가 되어, 초크와 가속 조절기가 연동하는 오토 리턴 초크를 사용한다.

프라이밍 펌프
전화기(電化器) 내부의 오래 된 연료를 교체해 리코일링 횟수를 줄여서 엔진의 시동이 쉽게 걸리도록 한다.

강제 흡인 시스템
냉각 핀에 의한 흡인 효과로, 기화기 안으로 들어 온 나무 부스러기 등을 강제적으로 밖으로 배출하는 강제 흡인식 에어 클리너 시스템을 사용한다.

i 스타트
가볍고 부드럽게 리코일을 당겨도 쉽게 시동이 걸리도록 개발되었다. 엔진의 시동이 간단히 걸리는 혁신적인 시스템이다

사이드 액세스
체인 장력이 느슨해져 체인과 가이드 바를 손상 시키는 것을 방지하기 위해 가이드 바 측면에서 간편하게 체인 장력을 조절할 수 있도록 했다.

원통형 에어 크리너
나무 부스러기 등이 뭉친 덩어리 발생을 강력하게 억제해주는 원통형 에어 크리너를 사용. 왼쪽으로 돌리는 것만으로 탈부착할 수 있다는 장점도 크다.

자바라식 대형 에어 크리너
자바라 형태인 만큼 평형 에어 크리너와 비교해 면적이 세 배 정도 커지기 때문에 나무 부스러기 등이 뭉친 쓰레기 덩어리가 작아, 유지 관리의 수고를 덜 수 있다.

체인 브레이크
킥 백 현상이 발생했을 때에, 체인을 급정지 시켜 준다. 전방 손잡이 앞부분에 자리 잡고 있다.

반자동 감압기
엔진 시동을 걸 때 리코일을 당기는 힘이 절반 가까이 줄어들어 큰 힘 들이지 않고 엔진의 시동을 걸 수 있다.

디지털 자석 발전기(magneto)
점화 시기를 디지털로 제어해 엔진의 시동이 쉽게 걸리고 리코일을 당기는 힘이 적게 들도록 한다.

경량 가이드 바
이전보다 15퍼센트 가벼운 신형 가이드 바를 표준 장착해 본체의 소형화와 경량화를 실현하는 동시에 가이드 바의 경량화도 이루었다.

CS610

배기량	59.8cc
중량	6.2kg
최고 회전수	13,400rpm
체인 피치	3/8inch
소음 레벨	-
연료 탱크 용량	0.65ℓ
오일 탱크 용량	0.30ℓ
표준 가이드 바 사이즈	50cm(20inch)
총 길이	448mm
폭	246mm
높이	296mm
정가	2,100,000원(199,500엔)

배기량 59.8시시의 전문가용 체인 톱. 강력한 파워와 함께 저진동화까지 실현한 모델. 롤러 체인 캐쳐의 사용으로 안전성도 높였다.

오토 리턴 초크	프라이밍 펌프	강제 흡인 시스템	i 스타트	사이드 액세스	원통형 에어 크리너
자바라식 대형 에어 크리너	체인 브레이크	반자동 감압기	경량 가이드 바	디지털 자석 발전기	

CS42RS

배기량	42.1cc
중량	4.5kg
최고 회전수	14,500rpm
체인 피치	0.325inch
소음 레벨	–
연료 탱크 용량	0.44ℓ
오일 탱크 용량	0.24ℓ
표준 가이드 바 사이즈	40cm(16inch)
총 길이	383mm
폭	228mm
높이	274mm
정가	1,200,000원(115,500엔)

전문가를 타깃으로 해 파워와 회전력까지 겸비한 조작성이 뛰어난 중형 체인 톱. 세로형 3피스 엔진이 하이 파워와 높은 가속성을 실현했다.

오토 리턴 초크	프라이밍 펌프	강제 흡인 시스템	i 스타트	사이드 액세스	원통형 에어 크리너
자바라식 대형 에어 크리너	체인 브레이크	반자동 감압기	경량 가이드 바	디지털 자석 발전기	

CS350

배기량	35.8cc
중량	3.8kg
최고 회전수	13,500rpm
체인 피치	1/4, 3/8inch
소음 레벨	–
연료 탱크 용량	0.32ℓ
오일 탱크 용량	0.23ℓ
표준 가이드 바 사이즈	35cm(14inch)
총 길이	392mm
폭	258mm
높이	240mm
정가	830,000원(79,800엔)

간벌(間伐) 작업에서부터 정원수 손질, 장작 만들기까지 폭넓게 사용되는 고 스펙 캐주얼 체인 톱. i 스타트와 클러치 연동식 펌프로 조작성을 향상시켰다.

오토 리턴 초크	프라이밍 펌프	강제 흡인 시스템	i 스타트	사이드 액세스	원통형 에어 크리너
자바라식 대형 에어 크리너	체인 브레이크	반자동 감압기	경량 가이드 바	디지털 자석 발전기	

CS270W

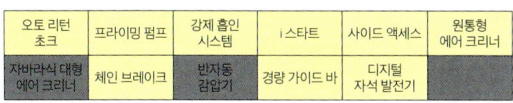

배기량	26.9cc
중량	3.0kg
최고 회전수	12,800rpm
체인 피치	1/4inch
소음 레벨	–
연료 탱크 용량	0.24ℓ
오일 탱크 용량	0.16ℓ
표준 가이드 바 사이즈	30cm(12inch)
총 길이	380mm
폭	220mm
높이	230mm
정가	790,000원(75,600엔)

산림 관리에서부터 취미 작업까지 폭넓게 사용 가능하도록 가벼움과 조작성을 고려한 캐주얼 체인 톱. 체인은 25AP로 가이드 바 용도에 맞춰 선택 가능하다.

오토 리턴 초크	프라이밍 펌프	강제 흡인 시스템	i 스타트	사이드 액세스	원통형 에어 크리너
자바라식 대형 에어 크리너	체인 브레이크	반자동 감압기	경량 가이드 바	디지털 자석 발전기	

 마키타

MUC350DWB

배터리	리튬 이온 2.2Ah
중량	4.6kg(배터리 1.3kg 포함)
체인 스피드	8.3m/s
체인 피치	3/8inch
절단 유효 길이	35cm
총 길이	676mm
폭	200mm
높이	239mm
정가	820,000원(78,015엔)

초속 8.3미터의 절단 스피드로 쾌적한 작업을 실현한 배터리 충전식 체인 톱. 스위치 하나로 엔진의 시동이 걸리고, 체인의 장력 조절도 별도 공구 없이 가능하다.

BLACK&DECKER 블랙 앤 데커

GKC1820L2

배터리	리튬 이온 1.5Ah
중량	2.3kg(배터리 1.3kg 포함)
체인 스피드	3.1m/s
체인 피치	3/8inch
절단 유효 길이	16cm
총 길이	550mm
폭	175mm
높이	260mm
정가	210,000원(19,800엔)

직경 160밀리미터의 두꺼운 나뭇가지도 쉽게 절단할 수 있는 배터리 충전식 체인 톱. 소음이 적어서 주택가에서도 안심하고 사용할 수 있다. 킥 백 방지 기능도 있다.

RYOBI 료비

CS-3605

소비전력	800W
중량	2.3kg
체인 스피드	8.0m/s
체인 피치	3/8inch
절단 유효 길이	36cm
총 길이	703mm
폭	194mm
높이	190mm
정가	183,000원(17,535엔)

2.3킬로그램의 경량에 파워풀한 정통 체인 톱. 작은 힘으로도 쉽게 절단할 수 있도록 절단재를 눌러주는 리어핸들을 사용하여 벌목이나 통나무 절단에 최적화된 모델이다.

각종 액세서리

허스크바나 / 포레스트 재킷 테크니컬
신축성이 좋은 소재를 사용해 인체 공학적 디자인으로 쾌적함을 추구했다. 칼라 배색 또한 눈에 잘 띄게 사용했다. ●사이즈=46, 50, 54(참고 : 일본 사이즈 M, L, XL) 가격=208,000원(19,950엔)

스틸 / 재킷 '어드밴스'
통기성 높은 방호 재킷. 스틸의 시그널 컬러를 사용했다. 소맷부리는 3단계로 조절할 수 있다. ●사이즈=S, M/ 가격=290,000원(27,800엔)

허스크바나 / 프로텍티브 바지 테크니컬
통기용 지퍼를 부착해, 장시간 작업할 때도 쾌적하게 착용할 수 있도록 했다. 체인 톱 작업 보호용(프로텍션)은 클래스1(20m/s)에 최적. ●사이즈=46, 50, 54(참고 : 일본 사이즈 M, L, XL)/가격=310,000원(29,800엔)

스틸 / 멜빵바지 '어드밴스'
스판덱스 소재를 사용해 움직임이 편안한 디자인의 멜빵바지 ●사이즈=46, 48, 50, 52, 54 / 가격=350,000원(33,800엔)

스틸 / 챕스(지퍼 타입)
절단 방지 소재를 다리 전면에 사용. 지퍼 타입으로 입고 벗기 편리한 디자인 ●사이즈=길이 91~103㎝ / 가격=155,000원(14,800엔)

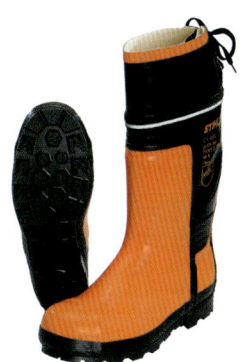

허스크바나 / 프로텍티브 부츠 펑셔널 24
발끝과 부츠 밑창에 보호용 쿠션이 들어있다. 클래스2(24m/s)에 적합. ●사이즈=24.0~29.0㎝ / 가격=164,000원(15,750엔)

허스크바나 / 프로텍티브 부츠 라이트 20
방수성이 좋은 인조 가죽 부츠로 내구성이 뛰어나다. 클래스1(20m/s)에 적합. ●사이즈=25.5~29.0㎝ / 가격=330,000원(31,500엔)

스틸 / 체인 톱 작업용 고무 부츠
최고 레벨의 절단 저항력을 지닌 안전 부츠 ●사이즈=25.5~28.0㎝ / 가격=160,000원(15,225엔)

허스크바나 / 일체형 헬멧 (형광색)
바이저, 차양, 귀마개를 장착한 헬멧. 바이저는 시야 확보에 좋은 매시 소재를 사용했다. ●가격=114,000원(11,025엔)

스틸 / 헬멧 '어드밴스'
통기성이 탁월하고 세련된 디자인의 헬멧. 일본 후생노동성 안전검정 인증품이다. ●가격=125,000원(11,980엔)

스틸 / 안면 보호구 G500
시야 확보를 위해 매시 바이저를 사용했다. 머리 고정 밴드와 간단 조절 손잡이로 사이즈 조절이 가능해 보다 안전하게 착용할 수 있다. ●가격=104,000원(9,975엔)

허스크바나 / 헤어밴드식 귀마개
귀에 가해지는 압력을 20퍼센트 절감하는 디자인. 가벼우면서도 귀마개 안에 부드러운 솜을 넣어 소음 차단 효과를 높였다. ●가격 =50,000원(4,757엔)

스틸 / 귀마개 '콘셉트 23'
초경량 타입으로 귀가 닿는 부분이 조절 가능하여 착용감이 좋다. ●가격=24,000원(2,226엔)

스틸 / 귀마개 '콘셉트28'
헤어밴드 부분은 튼튼한 금속 재질이고, 귀가 닿는 부분은 소프트 패드가 부착되어 있어 통기성이 탁월하다. ●가격=41,500원(3,948엔)

허스크바나 / 글러브 펑셔널
방수성이 뛰어난 염소 가죽을 사용한 작업용 글러브 ●사이즈=M, L, 2L / 가격=42,000원(3,990엔)

스틸 / 체인 톱 작업 장갑 '다이나믹'
소가죽과 천을 사용했으며 디자인이 인체 공학적이다. ●사이즈=S, M, L / 가격=83,000원(7,980엔)

스틸 / 체인 톱 작업 장갑 '커버'
합성 가죽과 네오프렌 소재를 사용한 작업용 장갑 ●사이즈=S, M, L / 가격=35,000원(3,380엔)

제노아 / 방진 글러브
손바닥과 손가락 부분에 특수 흡진제를 사용해 작업자의 피로를 감소시켜준다. ●사이즈=프리 / 가격=96,000원(9,240엔)

허스크바나 / 프로텍티브 선X / 옐로우
다리 길이와 각도 조절이 가능하다. 긁힘 방지 UV 렌즈 사용 ●가격=34,000원(3,245엔, 선X), 36,000원(3,465엔 옐로우)

스틸 / 보호 안경 '슈퍼 피트'
가볍고 스포티한 디자인. 착용감이 좋고 눈 주변을 광범위하게 보호한다. 자외선 100퍼센트 차단, 긁힘 방지 및 김 서림 방지 기능 ●색상=오렌지, 투명, 스모키, 레드 / 가격=56,000원(4,935엔)

허스크바나 / 2스트로크 LS 플러스(50:1)
매연이 적고 윤활력이 좋은 고성능 오일 ●가격=5,200원(0.1ℓ, 504엔), 15,100원(0.4ℓ, 1,470엔), 32,000원(1ℓ, 3,098엔)

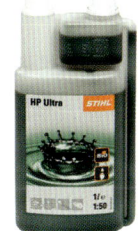

스틸 / 스틸 HP 울트라
윤활력이 우수하고 마모에 대한 내구성 또한 뛰어나다. 100퍼센트 화학 합성유로 최고급 엔진 오일 ●가격=7,600원(0.1ℓ, 735엔), 45,200원(1ℓ, 4,410엔)

제노아 / 빅뱅 가솔린
엔진 오일을 혼합할 필요가 없는 혼합 가솔린. 첨가제가 들어있어 기화기 내부를 깨끗한 상태로 유지해준다. ●가격=오픈가격(0.45ℓ, 1ℓ)

스틸 / 콤비네이션 휴대용 연료 탱크 스탠다드
연료 5리터와 체인오일 3리터가 들어가는 트윈 휴대용 연료 탱크. 위험 물질 운반에 대한 UN 기준에 맞춰 UN 승인을 취득 ●가격=56,200원(5,480엔)

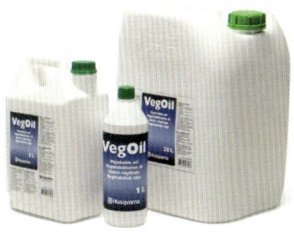

허스크바나 / 베지오일(Vegoil)
식물성 오일을 베이스로 한 환경 친화적 체인 오일. 생분해율이 95퍼센트 이상이다. ●가격=36,600원(5ℓ, 3,570엔), 125,000원(20ℓ, 12,180엔)

스틸 / 바이오프라스 체인 오일
우수한 윤활력과 점착성을 지닌 식물성 오일. 단기간의 흙으로 완전 분해 ●가격=15,000원(1ℓ, 1,470엔), 47,000원(5ℓ, 4,620엔)

허스크바나 / 콤비 탱크
연료 6리터와 체인오일 2.5리터가 들어간다. 연료 노즐에 밸브가 달려 있어 가득 차면 자동적으로 급유가 중단된다. ●가격=80,000원(7,791엔)

스틸 / 금속 통나무 썰기 전용 거치대
견고한 아연으로 도금한 통나무 썰기 전용 금속 거치대(말목). 스프링이 달린 체인이 목재를 고정한다. 최대 100킬로그램까지 탑재 가능. ●가격=140,000원(13,650엔)

체인과 유지 관리 용품

오레곤 / 91PX
저진동으로 킥 백 현상을 줄인 설계. 원래는 일반 사용자를 대상으로 만들었으나, 의외로 전문가 중에도 애용자가 많다.
●피치=3/8 / 게이지=0.050 / 참고가격=35,000원(3,360엔, 40코마)~48,000원(4,620엔, 59코마)

오레곤 / 73DPX
칼날이 예리하면서도 유지 관리가 쉽다는 장점이 양립하는 세미 치즐 사양
●피치=3/8 / 게이지=0.058 / 참고가격=55,000원(5,250엔, 64코마)~70,000원(6,720엔, 84코마)

오레곤 / 21BPX
킥 백 현상을 줄여주는 범퍼 드라이브 링을 갖춘 마이크로 치즐 사양
●피치=0.325 / 게이지=0.058 / 참고가격=47,000원(4,505엔, 60코마)~62,000원(5,880엔, 81코마)

오레곤 / 25AP
칼날이 가볍고 매끄러운 데다가 내구성도 높아 사용자들로부터 압도적인 지지를 얻고 있는 마이크로 치즐 사양
●피치=1/4 / 게이지=0.050 / 참고가격=34,000원(3,255엔, 52코마) ~ 53,000원(5,040엔, 86코마)

오레곤 / 톱날 연마용 클램프(고정쇠)
톱날을 연마할 때 가이드 바에 장착해 안정성을
높이는 고정쇠 ●가격=23,000원(2,205엔)

허스크바나 / 톱날 연마용 키트
원형줄 2개, 평줄 1개, 줄용 핸들, 톱날 연마용
게이지, 텝스 게이지 등 5개 용품이 세트로
구성되어 있다. ●가격=35,000원(3,465엔)

허스크바나 / 톱날 연마용 클램프
가이드 바를 나무 판 등에 빠르고 간단하게
고정시킬 수 있는 강철 주물 고정쇠
●가격=24,000원(2,268엔)

* 제조사 가격 정책이나 환율의 변동에 따라 표시된 가격이 달라질 수 있습니다.

체인 톱 퍼펙트 매뉴얼

초판 1쇄 펴낸날 2017년 7월 10일

펴낸이 최만영 | **기획 편집** 정보영 | **디자인** 최성수, 이이환 | **지은이** 지구환출판사 | **옮긴이** 정연숙
마케팅 박영준, 신희용 | **영업관리** 김효순 | **제작** 김용학, 강명주
펴낸곳 (주)한솔수북 | **출판등록** 제2013-000276호 | **주소** 03996 서울시 마포구 월드컵로 96 영훈빌딩 5층
전화 02-2001-5820(편집), 02-2001-5828(영업) | **팩스** 02-2060-0108
전자우편 isoobook@eduhansol.co.kr | **블로그** 3040school.blog.me

ISBN 979-11-7028-160-3 13550

이 도서의 국립중앙도서관 출판예정도서목록(CIP)은 서지정보유통지원시스템 홈페이지(http://seoji.nl.go.kr)와
국가자료공동목록시스템(http://www.nl.go.kr/kolisnet)에서 이용하실 수 있습니다. (CIP제어번호 : CIP2017014968)

새로운 인생을 준비하는 방법 한솔스쿨

새로운 인생을 준비하는 데 필요한 기술을 배우는 매뉴얼 Book

미니 굴삭기 퍼펙트 매뉴얼

**시골 생활에 도움 될
미니 굴삭기 완벽 활용법**

굴삭기 운전을 어디서 어떻게
배워야 할지 막막해하는
이들에게 미니 굴삭기의
기본 원리와 운전법 기초를
설명해주는 책입니다.

체인 톱 퍼펙트 매뉴얼

**귀농 귀촌 생활의
필수 아이템
체인 톱 완벽 활용법**

체인 톱의 구조와 원리부터
가지치기, 장작 마련,
통나무집 짓기, 목공 등
목적별 사용법, 관리 방법까지
상세하게 안내하는 책입니다.

새로운 인생을 준비하는 데 필요한 취미를 배우는 스킬 Book

맥주학교

**맥주 만들기,
맥주로 창업하기**

다양한 맥주를 직접 만들어
마시는 구체적인 방법을
알려주는 책입니다. 그리고
맥주 만들기 취미를 부업,
창업 아이템으로 발전시키려면
어떻게 해야 하는지도
알 수 있습니다.

식빵학교 _(가칭)

근간

**실패 없이
빵 만드는 법**

개념과 원리를 모른 채
레시피 책을 그대로 따라 하면
빵이 제대로 만들어지지 않습니다.
구체적인 Q&A와 인포그래픽으로
재료와 과정을 쉽게 이해한 다음,
실용적인 제빵 스킬을
배울 수 있는 책입니다.

10년 후 더 멋진 삶을 살고 싶은 당신에게 필요한 것은 무엇입니까?
의견을 보내주세요. (3040school@naver.com)
3040스쿨 (블로그 3040school.blog.me 페이지 facebook.com/3040school)

새로운 인생을 준비하는 방법